AF558767

Ju 52
Geschichte und Gegenwart einer Luftfahrt-Legende

Berlin
Mannheim

Ju 52

Geschichte und Gegenwart einer Luftfahrt-Legende

Helmut Erfurth

Über der Seattle Bay an der Pazifikküste kam es im Februar 1991 zu einem einmaligen Lufthansa-Rendezvous in der Luft: Das älteste Flugzeug der Lufthansaflotte, die Junkers Ju 52 3m D-AQUI, fliegt mit einer Boeing 737-500 mit der Kennung D-ABIH vor der Skyline von Seattle.
Foto: Gerd Rebenich, Lufthansa

Bild auf Seite 2: Der Begleitdienst der Deutschen Lufthansa hebt fürsorglich das Baby einer Passagierin in die Junkers Ju-52-Linienmaschine mit der Kennung D-AHUS, Flug Berlin – Mannheim.
Foto: Lufthansa

Inhalt

Vorwort

Die Faszination „Fliegen“ hat einen Namen. Tausende Begeisterte strömen an Flugtagen zur „Tante Ju“, der Junkers Ju 52/3m, Hugo Junkers berühmtestem Flugzeug aus den Jahren 1930/31. Das unverkennbare Flugmotorengeräusch der dreimotorigen Propellermaschine klingt wie eine vertraute Melodie, ein Sound, der Jung und Alt anlockt.

Es ist ein großes Verdienst der Fluggesellschaften und Vereine, diese Traditionsmaschinen zu warten, zu pflegen, flugfähig zu erhalten. Ob in der Schweiz bei der Ju-Air-Flotte oder in Deutschland bei der Lufthansa die D-AQUI, um die bekanntesten zu nennen. Viel ehrenamtliches Engagement und Liebe zur Sache beweisen die Crews. Lohn sind ihre dankbaren Fluggäste, Flugplatzbesucher, Interessierte eben, für die das Fliegen aus den Anfängen der Luftfahrt so authentisch erlebbar wird.

Die enorme Ausstrahlungskraft zeigt sich in Dokumentarfilmen mit der Ju 52 ebenso wie im Spielfilmformat einer vielbeachteten Schauspielerequipe, die mit ihrer Flugreise ins Heute eine nachhaltige Wirkung des Gestern zu geben vermochten.

Und Bücher sind über die „Tante Ju“ geschrieben worden, die von den Anfängen des Weltluftverkehrs berichten, die Technikgeschichte spannend erzählen, die an die euphorischen Zeiten des Fortschritts durch das Fliegen erinnern, die noch Generationen nach uns begeistern können. Besonders, wenn die Maschine an historischen Luftfahrtstätten erscheint, große Flugfeste mit ihrer Anwesenheit bereichert oder sie in ihren „Heimathafen“ Dessau einfliegt.

Doch wie ist es gelungen, den Traum der Menschheit vom „Fliegen wollen“ zum „Fliegen können“ zu verwirklichen?

Fantasie und Ideen, Pioniergeist und technisches Wissen, aber auch Wagemut waren die Triebkräfte in der Entwicklungsgeschichte der Luftfahrt. Davon zeugen viele begeisterte Pioniere mit ihren „Fliegenden Kisten“ aus unterschiedlichsten Ländern.

Mit dem Bau des ersten freitragenden Ganzmetall-Flugzeuges der Welt, der Junkers J 1, das am 15. Dezember 1915 zu seinem Erstflug abhob, begann die Ära unserer heutigen modernen Luftfahrt. Mit der nachfolgenden Junkers F 13 ging Hugo Junkers wieder einen bedeutenden Schritt in der Luftfahrtentwicklung weiter. Die Junkers F 13 steht für das erste Ganzmetall-Kabinen-Verkehrsflugzeug der Welt. Am 13. September 1919 wurde mit dieser einmotorigen Maschine in Tiefdeckerbauweise mit acht Personen an Bord (Brandenburg, Duckstein, Erfurth, Gsell, Madelung, Müller, Werkpiloten Monz und Schmitz) ein Höhenweltrekord von 6.750 Metern erzielt.

Das Ereignis trug dazu bei, dass sich die Dessauer Junkers-Werke zum Inbegriff des modernen Luftfahrtgedankens ausprägten. In kürzester Zeit entwickelten sie sich zu einem Zentrum der Weltluftfahrt, in der Innovation und modernstes Know-how Hand in Hand gingen.

Die Junkers Ju 52/3m gehört zu den bekanntesten Flugzeugtypen der Welt und war wohl das meistgeflogene Flugzeug ihrer Zeit. Kaum ein anderes Flugzeug charakterisiert die Entwicklung der internationalen Luftfahrt wie dieser Flugzeugtyp aus den Junkerswerken, der letzte Flugzeugtyp, der unter der Leitung von Professor Hugo Junkers entstand. Wie kein anderes Junkers-Flugzeug verdeutlicht es die Summe von Erfahrungen und Forschungsergebnissen in der Luftfahrtentwicklung zu Beginn der 1930er-Jahre. Im Streckendienst der Deutschen Lufthansa realisierte die Junkers Ju 52/3m im Jahr 1935 zu 85 Prozent das Fluggeschehen. Auch im europäischen Flugverkehr, insbesondere in den skandinavischen Ländern, galt sie als das beliebteste Flugzeug ihrer Zeit.

Es gab kaum eine Fluggesellschaft, in der nicht die Ju 52 vertreten war. Mit ihr wurden die meisten Pionierflüge geflogen. Dank ihrer soliden Konstruktion, der erprobten Materialien und ihres aerodynamisch zeitgemäßen Designs verfügte sie über ausgezeichnete Flugeigenschaften und besaß einen geringen Wartungsaufwand. Dieses tragfähige Konzept in Verbindung mit der sprichwörtlichen Sicherheit, Solidität und Wirtschaftlichkeit war der Grund für den weltweiten Erfolg der Ju 52. Sowohl Passagiere als auch Piloten waren begeistert von ihren Flugeigenschaften und schwärmten, sie flöge hoch wie ein Adler durch die Luft. Auch die Geschichte der frühen Deutschen Luft Hansa AG (DLH) ist eng mit dem Namen der Ju 52/3m verbunden.

Sogar in den Public Relations nimmt die Junkers Ju 52/3m eine wichtige Rolle ein. Ihr internationaler Bekanntheitsgrad, ihre große Beliebtheit und Zuverlässigkeit waren vorteilhafte Werbeträger. Vom Kofferaufkleber bis hin zum Plakat warben in den 1930er-Jahren zahlreiche Fluggesellschaften mit dem Konterfei der Ju 52. Auch die Philatelisten weltweit fanden in der Ju 52 ihr Motiv. Kein Flugzeugtyp wurde so oft auf Briefmarken abgebildet wie die Junkers Ju 52.

Noch nach nahezu neun Jahrzehnten besitzt sie eine ungebrochen große Anziehungskraft. Als fliegende Legende repräsentiert sie den Zeitgeist einer ganzen Generation, die vom wissenschaftlich-technischen Fortschritt, von naturwissenschaftlichen Forschungen und dem damit verbundenen Glauben an die scheinbar grenzenlosen Entwicklungsmöglichkeiten der Technik geprägt war.

Professor Hugo Junkers sah als Ingenieur, Unternehmer, Wissenschaftler und Weltbürger in der Luftfahrt die größte Chance, die Menschen aller Kontinente einander näher zu bringen. Unabhängig von Herkunft, Kultur und Religion sollte jeder am sozialen und technischen Fortschritt teilhaben. So steht der Name „Junkers“ in dieser Zeit nicht nur für den geistigen Vater der legendären Ju 52, sondern auch für den wesentlichen Wegbereiter der Passagier-Fluglinien im In- und Ausland. Gerade die dreimotorige Ju 52 machte den Namen Hugo Junkers weltbekannt. Sie flog auf allen Kontinenten und in allen Klimazonen, von den Tropen des Äquators bis hin zum nördlichsten Eismeer.

Personal und Passagiere konnten ihr vertrauen. Sie bot einen hohen Standard in Bezug auf Service, Sicherheit und Wirtschaftlichkeit.

Das begründete ihren guten Ruf.

Dessau, im Frühjahr 2020
Helmut Erfurth

Die Junkers Ju 52 zählt weltweit zu den bekanntesten Flugzeugen und zu den ältesten noch fliegenden Passagierflugzeugen. Sie war in den 1930/40er-Jahren eines der meistgeflogenen Verkehrsflugzeuge. Ihr Einsatz als Militärtransportflugzeug während des Zweiten Weltkrieges, hier 1942 bei der Versorgung des deutschen Afrikacorps im heißen Wüstengebiet von Nordafrika, zeigt zugleich die Janusköpfigkeit des technischen Fortschritts am Beispiel der Luftfahrt.
Foto: Sammlung Ian Spring

Verabschiedung von Fluggästen der Junkers G 24 „Pluto“, Baujahr 1925, mit der Werk-Nr. 902, Kennung D-879, im Linienflug von Halle-Leipzig nach Berlin-Tempelhof, April 1929.
Foto: Sammlung des Autors

Junkers-Lehrlinge auf dem Weg zu ihrer Ausbildungsstätte vorbei an Junkers Ju-52-Maschinen. Junkers-Flugzeugbau, Zweigwerk Bernburg, Mai 1938.
Foto: Sammlung des Autors

Die Ju-52-Maschinen flogen auch für die Deutsche Reichsbahn im kombinierten Luftexpress-Eisenbahn-Gütertransport innerhalb Deutschlands und zu den Großflughäfen Europas.
Foto: Lufthansa

Ju-52-Flugzeuge der DLH in Parkposition auf dem Groß-Flughafen Tempelhof während der Olympischen Spiele 1936 in Berlin. *Foto: Lufthansa*

Das ursprünglich von der DLH 1938 vergebene Luftverkehrsprojekt der Ju-52-Nachfolge wurde 1940 auf Weisung des Reichsluftfahrtministeriums als Militärtransporter weiterentwickelt. So entstand die Ju 252 als ein leistungsstarkes Großraumflugzeug mit einer hydraulisch absenkbaren Transportklappe und einer Motorwinde für große Güter. Nach der Flugerprobung im Sommer 1942 kamen ab 1943 insgeamt 15 Maschinen zum Einsatz, die meist mit Begleitschutz flogen.
Eine Ju 252 wird nach Wartungsarbeiten betankt und auf ihren nächsten Einsatz vorbereitet, Herbst 1943.
Foto: Sammlung des Autors

Besuch der Chinesischen Gesandtschaft aus Berlin am 4. August 1932 in der Junkers Flugzeugwerk AG Dessau. Der Botschafter, in der Mitte der Personengruppe, machte sich persönlich ein Bild über die modernen Konstruktionen und hohen Qualitätsstandards im Junkers-Flugzeugbau. Sein Gutachten an die chinesische Staatsführung gab den Ausschlag, vorrangig Ju-52-Maschinen für die EURASIA Airline einzusetzen.
Foto: Sammlung des Autors

Eine Flugstart-Freigabe im zivilen Passagier- und Frachtflugverkehr erfolgte bis in die 1940er-Jahre stets per Flaggenzeichen durch die „Luftpolizei“. Auf einen hohen Standard auf dem Gebiet der Flugsicherheit, insbesondere während der Flugabfertigung in der Start- bzw. Landephase, legte die Lufthansa außerordentlichen Wert.
Foto: Lufthansa

Die Ju 52 und die Lufthansa

Ist es Faszination oder Hang zur Nostalgie, wenn man gebannt in den Himmel schaut, weil ein markantes, rhythmisches Triebwerksgeräusch zu hören ist und wenig später im Blickfeld die unverwechselbare Silhouette eines dreimotorigen Flugzeuges erscheint? Sicherlich beides. Woher aber kommt diese Anziehungskraft, diese nicht enden wollende Begeisterung für die Anfänge unserer heutigen modernen Luftfahrt?

Was weckt den Wunsch, engagiert und zielstrebig, auch geduldig wartend, einen Rundflug in eben diesem Wellblechadler zu buchen, um danach in einer Höhe von circa 2.500 Meter mit einer durchschnittlichen Geschwindigkeit von 180 km/h geruhsam die vorbeiziehende Landschaft betrachten zu können?

Ist es der uralte Traum der Menschheit, sich wie ein Vogel in die Lüfte zu erheben, die Bewegungen des Windes zu verspüren und die Welt von oben zu sehen, um eins zu sein mit der Natur? Ist es Pioniergeist, ein Drang zum Neuen? Der Wunsch, ein Abenteuer zu erleben?

Niemand wird mit Gewissheit sagen können, welche Motivation überwog. Entscheidend ist jedoch, dass dem Menschen nach vielen Versuchen, auch Misserfolgen, der Schritt vom Fliegen wollen zum Fliegen können geglückt ist.

Im heutigen Zeitalter der Jets und Jumbos ist das Zurückbesinnen an die Anfänge der Luftfahrt, als die silberne Junkers Ju 52 als Sinnbild für den flugtechnischen Fortschritt stand, eine Passion für Alt und Jung. In unserer modernen, globalisierten und vernetzten Welt im 21. Jahrhundert sind Mobilität, Flexibilität und Geschwindigkeit Voraussetzung. Tonangebend werden Informationen per Internet und Datenbank. Reisen mit dem Flugzeug, um kurze oder weite Distanzen zu überwinden, sind zum Alltag geworden. Viele Güter legen ihren Weg per Luftfracht zurück. Das Flugzeug ist Teil unserer Wirtschaft und Kultur, es ist aus dem modernen Verkehrsalltag nicht mehr wegzudenken. Und doch ist der Reiz zum Entschleunigen groß, mal innezuhalten, der Hektik zu entfliehen, wie schön – wenn man dann die Möglichkeit hat, Oldtimer fliegen zu sehen.

FASZINATION „FLIEGEN“

Der Beginn des Motorfluges liegt doch gar nicht so lange zurück; erst seit 114 Jahren brummen Flugzeuge am Himmel. Und in diesem Zeitfenster feierte die Flugzeugentwicklung Riesenerfolge. Vom Propellerflugzeug zum Turboprop, über den Düsenjet bis zum Raketenflugzeug…

Als am 17. Dezember 1903 die Brüder Wright südlich von Kitty Hawk ihr erstes motorbetriebenes bemanntes Flugzeug gegen den Wind starteten, dauerte der Flug zwar nur zwölf Sekunden und ging auch nur sechzig Meter weit, doch er steht für den Beginn einer neuen Ära. Die Entfernungen begannen zu schrumpfen. Kontinente und Kulturen kamen sich näher, Flugzeuge überbrückten Ozeane und Gebirge, Wüsten und Dschungel. Der Traum von einer grenzenlosen Freiheit wurde Wirklichkeit. Die Welt aus der Höhendistanz betrachtet macht leicht und frei, lässt Alltagsgrenzen verschwinden. Heute hat sich die Flugeuphorie meist in einen nüchternen Verkehrsalltag gewandelt; es ist zur Selbstverständlichkeit geworden, Ziele auf dem Globus bequem per Airlines zu erreichen, ob Buenos Aires, Kapstadt, New York, Tokio oder Sydney…

Im Sommer 1991 präsentiert sich die Junkers Ju 52/3m nach einer Reihe von technischen Ergänzungen auf ihrem Heimatflughafen Berlin-Tempelhof. Im äußerlichen Erscheinungsbild fallen die geänderte Nasenkante der Maschine und die neuen Drei-Blatt-Luftschrauben auf. Die veränderten Propeller sind jetzt mit einem Untersetzungsgetriebe, das dem neuesten technischen Standard entspricht, ausgestattet. Daraus resultiert eine Geschwindigkeitserhöhung der Ju 52 bei gleichzeitiger Reduzierung des Lärmpegels, der bereits weit unter den gesetzlich vorgeschriebenen Werten liegt. Neu im Cockpit ist außerdem: das GPS-System; der Transponder, das ist ein passiv arbeitendes Radargerät; ein elektronisches Ortungsgerät, kurz ILT genannt, das sich auch im Airbus A 380 befindet, und ein Frühwarngerät TCAS.
Foto: Rebenich/Lufthansa

Flagge zeigen ist eine alte internationale Tradition. In der Pionierzeit der Luftfahrt war es üblich, dass unmittelbar nach der Landung die Flagge der Fluggesellschaft oder die Landesfahne am Cockpit aufgesteckt wurde. Juristisch gesehen gelten im Flugzeug das Landesrecht und die Verordnungen der Fluggesellschaft. Daher zeigt auch die legendäre Ju als Traditionsmaschine der Deutschen Lufthansa Berlin-Stiftung nach jeder Landung und vor jedem Start mit Stolz die Flagge der größten deutschen Airline.
Foto: Claasen/Hamburg

Wer jedoch den berühmten „Kick“ erleben will, der das Adrenalin ansteigen lässt, findet Abenteuer und technische Romantik im Flug mit den alten Maschinen. Das gilt sowohl für Piloten als auch Passagiere. Es ist eine Herausforderung, man spürt die Thermik der Luft, wird auch manchmal durchgeschüttelt. Entzückt sich nicht nur an der in greifbarer Nähe vorüberfliegende Landschaft, was in rund 2.500 Metern Höhe ein Vergnügen ist, sondern ist hautnah dabei, wenn Wetterfronten, Schneetreiben oder Regen zu durchfliegen sind. Dann erhält man ein Gespür für das Können der Flugzeugpioniere, bekommt Respekt vor den Leistungen von Mensch und Technik. Bewundernswert, wie die Piloten im historischen Cockpit mit den damaligen Mitteln die heutigen Herausforderungen meistern.

Wie kaum ein anderes Flugzeug der Welt verkörpert die Junkers Ju 52/3m die Entwicklung in der Luftfahrttechnik. Sie war das bekannteste Flugzeug und wohl auch die meistgeflogene Maschine ihrer Zeit und gilt heute zurecht als ein wichtiger Meilenstein der internationalen Luftfahrtgeschichte. Dank einer soliden Konstruktion, ihrer guten Flugeigenschaften und ihres geringen Wartungsaufwandes schwärmten Piloten und Flugpersonal gleichermaßen von ihr. Für Millionen von Fluggästen wurde sie zum Inbegriff von Sicherheit, Service, Freundlichkeit und Zuverlässigkeit.

Die Geschichte der alten Deutschen Luft Hansa AG (DLH) ist eng mit dem Namen der Ju 52/3m verbunden, bildete doch gerade dieser Flugzeugtyp die wirtschaftliche Basis der Fluggesellschaft. Nach den Unterlagen der Deutschen Luftfahrtrolle erwarb die DLH zwischen 1932 und 1943 für ihren Flugbetrieb 194 Maschinen dieses Typs. Weit über 80 Prozent der Flugkilometerleistungen bestritten Ju-52-Flugzeuge. Heute bestimmen Jetliner den Alltag in der Luft.

Nichtsdestotrotz büßte die Ju 52 auch nach über acht Jahrzehnten nichts von ihrer großen Anziehungskraft ein und trifft auf Flugtagen, wie z. B. zur ILA Berlin oder auf der AERO Friedrichshafen, Tausende begeisterte Enthusiasten an. Die „Tante Ju“, wie sie heute allgemein liebevoll genannt wird, ist, auf welcher Flugschau sie auch immer erscheint, neben den großen und modernen Jets der Publikumsmagnet. Sie ist eine fliegende Legende.

In den 1930er-Jahren bildete die Ju 52 nicht nur das Rückgrat der Kranich-Flotte, sondern wurde auch zum Symbol für Qualität, Zuverlässigkeit und Innovationsfreudigkeit der Lufthansa. Für die heutige Lufthansa besitzt die Junkers Ju 52/3m daher eine besondere Bedeutung. Sie erwarb 1984 eine Originalmaschine aus den USA. Diese landete am 28. Dezember 1984 auf dem Hamburger Flughafen. Die im April 1936 in Dessau gebaute Maschine hatte eine turbulente Geschichte. Sie flog zuerst für die Lufthansa, wurde dann an Norwegen verkauft. Von der deutschen Luftwaffe gekapert, erhielt sie die Lufthansa zu Versorgungsflügen. Nach dem Zweiten Weltkrieg flog sie in Skandinavien. Ab 1957 ist Ecuador ihr Einsatzgebiet als Versorgungsflugzeug für Ölbohrcamps am Amazonas. 1962 wird sie am Rande des Flugplatzes Quito abgestellt. Ein US-amerikanischer Flugzeugfan findet hier nach Jahren die desolate Maschine, sie wird überholt und fliegt nach Nordamerika. Sie wird wieder verkauft und der neue Besitzer zeigt sie auf Flugshows unter dem Namen „Iron-Annie“.

Lufthansa-Piloten sahen sie und überzeugten den Vorstand, sie nach Deutschland zurückzuholen.

„16 Tage dauerte der transatlantische Überführungsflug mit zahlreichen Zwischenstopps etwa in Grönland und Island.“ Elisa Miebach, Zitat aus dpa/abl., 6. 4. 2016

Mit viel Engagement, Fleiß und Können begannen die Techniker der Lufthansa-Werft in Hamburg eine Erneuerung und Rekonstruktion der Ju 52 mit dem Ziel, das Zertifikat „lufttüchtig“ zu erhalten. Für die Techniker aus dem Bereich Wartung und Überholung war das Vorhaben daher eine besondere Herausforderung, denn ein Projekt dieser Art hatte es vorher noch nicht gegeben. Es wurde zu einem Abenteuer nicht nur für die alte Tante Ju, sondern auch für das beteiligte Arbeitsteam. Neben der Erfahrung, die jeder einzelne Mitarbeiter einbrachte, der technischen Kompetenz, die man unter Beweis stellen konnte, war es im Wesentlichen auch ein Lernprozess, eine Wechselwirkung zwischen altem und neuem Wissen.

INSTANDSETZUNG WIRD ZUM ABENTEUER

Ursprünglich war ab Januar 1985 eine Durchsicht der Ju 52 nach dem behördlich anerkannten Instandhaltungsplan des Vorbesitzers vorgesehen, um festgestellte Mängel beheben zu können. Dabei sollten

Treffen zweier Flugzeuggenerationen. Neben dem großen und modernen Boeing 747-Transporter wirkt die alte Wellblech-Ju wie ein antiquiertes Technikwunder. Die Ju 52 musste von Grund auf erneuert werden, um den heutigen Auflagen, Standards und Vorschriften zu entsprechen. Die Sicherheit und der Schutz des Menschen stehen dabei stets im Vordergrund. September 1986

Bestandsaufnahme der Korrosions- und Materialschäden an den demontierten Tragflächen, Januar 1985

Mit viel Begeisterung und Engagement erfolgte in monatelanger Arbeit eine vollständige Erneuerung der legendären Tante Ju.

Bei einigen Teilen, wie am Höhenleitwerk, stand die Frage: Restaurierung oder Neubau? Man entschloss sich für einen Neubau, denn die Sicherheit hat Priorität. Unter Beachtung der historischen Leitwerkkonstruktion entstanden auch die erforderlichen Bauvorrichtungen.

Anhand der beiden Abbildungen ist der enorme Arbeitsaufwand für den Neubau der sogenannten Höhenflosse gut ersichtlich.
Alle Fotos dieser Seite: Claasen/Hamburg

Rollout der bis ins Detail exakt wiederhergestellten Ju 52 (Lufthansa-Basis in Hamburg am 7. Januar 1986). Die künftige Crew der Ju hat die Maschine bereits „besetzt“.
Foto: Lufthansa

Auch die drei Sternmotoren der Junkers Ju 52 wurden in der Werkstatt der Hamburger Flugwerft überprüft und instandgesetzt. Für die Motorenschlosser und das Wartungspersonal bedeutete das eine echte Herausforderung, denn in ihrer täglichen Arbeit haben sie es ausschließlich mit Düsentriebwerken zu tun.
Foto: Lufthansa

Das Seitenruder und die Seitenflossen befanden sich in einem erstaunlich guten Zustand. Nach Kontrolle der Strukturinnenflächen entsprechend geltender Prüfvorschriften erfolgte die Grundierung der gesamten Oberfläche. Zusätzlich wurde die Oberfläche einschließlich der Holmenrohr-Innenwandung mit einem Korrosionsschutzmittel behandelt. Sämtliche Holmenrohre werden aufgrund ihrer hohen Kräftebeanspruchung jährlich einmal auf Risse überprüft.
Foto: Claasen Hamburg

Rund 400 Mitarbeiter der Lufthansa-Werft in Hamburg haben durch viel Idealismus und mit hohem Können eine Meisterleistung vollbracht: die originalgetreue Wiederherstellung einer Junkers Ju 52/3m als fliegende Legende. Mit sichtlichem Stolz über das erreichte Ergebnis und die Erteilung des Lufttüchtigkeitszeugnisses stehen sie vor der „Tante Ju", wie das Flugzeug liebevoll bezeichnet wird.
Foto: Ballhausen/Lufthansa

Gutachten über die von der amerikanischen Luftfahrtbehörde Federal Aviation Authority genehmigten großen technischen Änderungen angefertigt werden. Gleichzeitig war geplant, die von der Lufthansa entwickelten Änderungen an der Elektrik und Elektronik sowie auch die originalgetreue Rekonstruktion der Passagierkabine nach dem Verfahren der Ergänzenden-Muster-Prüfung zu dokumentieren und vom Luftfahrtbundesamt genehmigen zu lassen.

Es kam anders. Bereits nach den ersten Überprüfungen der Maschine zeigten sich schwere Korrosionsschäden an der Zelle und den Steuerungsteilen. Besonders an den Grenzflächen zwischen den Holmrohren aus Duralumin und den aus Stahl gefertigten Knotenstücken hatten sich Schäden gezeigt, die das Mischkristallgitter der Aluminiumlegierung wie ein Blätterteig aussehen ließen. Da war guter Rat teuer. Es begann eine Rekonstruktion, die zu einem echten Abenteuer werden sollte.

Auf der Suche nach Dokumenten über die Junkers Ju 52/3m half das Deutsche Museum in München. Aus der Schweiz, die drei 1939 im Junkers-Zweigwerk Bernburg gebauten Ju 52/3 m bis 1981 im Flugbetrieb hatte, kamen wichtige Hinweise. Auch aus Schweden, Norwegen und Spanien erhielt das Ju-Team wertvolle Informationen. Die spanische Firma CASA hatte ab 1946 die Ju 52 in Lizenz gebaut und erst 1972 die letzten Maschinen ausgemustert. Neben Bauzeichnungen und Original-Reparaturanweisungen für die Ju 52 sowie Ergebnisse der Materialforschung aus den Junkerswerken waren es auch erfahrene ehemalige Junkers-Mitarbeiter, Ju-52-Piloten und Privatpersonen, die den Technikern mit Rat und Tat zur Seite standen. Eine große Familie von Ju-Enthusiasten wollte zum Gelingen der Aufgabe beitragen.

Bei aller Begeisterung hatte bei Instandsetzung und Rekonstruktion die Sicherheit oberste Priorität. Täglich stand das Team vor neuen Herausforderungen. War ein Problem gelöst, tauchte ein neues auf, das nur mit Einfallsreichtum, Flexibilität und Optimismus überwunden werden konnte. Es gab manche „Nuss" zu knacken. Für viele Bauteile gab es keinen Ersatz mehr, denn nicht jede Materialposition war ersatzteilpflichtig am alten Lager gehalten worden. Die alten Tugenden handwerklichen Könnens waren gefragt, ausgebaute Teile wurden als Sonderanfertigung nachgebaut.

Erfreulicherweise wiesen die drei großen Sternmotoren im Gegensatz zur Zelle kaum Mängel auf. Nach einer gründlichen Reinigung und Inspektion brachten sie wieder ihre Leistung von 600 PS.

Die Ju 52 nahm bald wieder ihre historische Wellblechgestalt an. Obwohl Duralumin-Bleche mit den originalen Werkstoffparametern und in der gewellten Form in Fertigungsprogrammen heutiger Leichtmetallwerke nicht mehr enthalten waren, gelang es

Im September 2015 erfolgte in der Hamburger Lufthansa-Werft eine grundlegende Überholung der D-AQUI. Die Statik der am 6. April 1936 in den Dessauer Junkers-Werken fertiggestellten Maschine mit der Werk-Nr.4589 musste komplett erneuert werden. Acht neue Flächenholme in den Tragflächen und ein rekonstruierter Mittelholm im Flugzeugrumpf garantieren seit April 2017 wieder eine optimale Flugsicherheit.
Foto: Lufthansa

Ein wesentlicher Schwerpunkt im statischen Kräfteverlauf der Junkers Ju 52 bildet die punktgenaue stabile und vibrationsfreie Aufhängung der drei Sternmotoren im Mittelmotor-Vorbau des Flugzeugrumpfes und in den beiden Seitenmotor-Vorbauten der Tragflächen. *Foto: Lufthansa*

doch, Bleche zu besorgen, die mit hohem manuellen Aufwand durch Einsatz unterschiedlicher Schablonen die erforderlichen Wellengrößen erhielten. Ähnlich einem Puzzle fügten Techniker und Wartungsspezialisten die erneuerten bzw. nachgebauten und konservierten Bauteile wieder zusammen. Die Innenausstattung für den Passagierraum wurde dem Ambiente der 1930er-Jahre nachempfunden, so etwa die Flugzeugsitze. In puncto Sicherheit entsprechen sie dennoch dem heutigen Standard. Gleiches gilt auch für die neue Feuerlöschanlage. Der Sanitärteil ist dem Komfort eines Reisegeschäftsflugzeuges angeglichen. Zusätzliche Schallisolierungen reduzieren das Dröhnen und die Vibrationen der drei Motoren auf ein Minimum. Die Brandschotte bestehen aus Titanblech. Im Cockpit entspricht die technische Ausrüstung mit Armaturen, Funk- und Navigationsgeräten den heutigen Vorschriften.

Nun war die alte Tante Ju wieder jung geworden, aber durch den Einbau von Zusatzgeräten nach vorgeschriebenen Sicherheitsstandards auch schwerer. Doch das stört weder den Passagier im Flugzeug noch den Zuschauer am Boden in seinen nostalgischen Träumen. Seit dem 60. Geburtstag der Deutschen Lufthansa 1986 präsentiert sich die wiederhergestellte Junkers Ju 52/3m in der historischen Farbgebung der Lufthansa-Flugzeuge der 1930er-Jahre. Das „Rollout" in Hamburg am 7. Januar 1986 und die Taufe der

Maschine am 6. April 1986 auf den Namen „Berlin-Tempelhof", zur Erinnerung an den ältesten Lufthansa-Flugplatz der Ju 52, stehen für den Beginn neuer Flugabenteuer der alten Tante Ju mit der Kennung D-AQUI, die am 16. April 2016 80-jähriges Jubiläum hatte. Diese Maschine der Deutschen Lufthansa Berlin-Stiftung ist das erste Verkehrsflugzeug, das als „bewegliches Denkmal" 2015 unter Schutz gestellt wurde. Damit erhielt die weltbekannte fliegende Legende Junkers Ju 52, die „Tante Ju", als Symbol der Anfänge unserer modernen Luftfahrt und signifikantes Zeugnis der Technikgeschichte des 20. Jahrhunderts mit erlebbarer Erinnerungskultur eine höchst einmalige Auszeichnung und Würdigung.

Größte Aufmerksamkeit widmete das Werkstattteam auch der Betreuung der Antriebstechnik. So erfolgte in der Flugwerft eine gründliche Überprüfung und Instandhaltung der drei Sternmotoren der Ju 52 entsprechend den dafür vorgeschriebenen gesetzlichen Richtlinien. Der anschließende Motoren-Leistungstest zeigte ausgezeichnete Ergebnisse. Auch im äußeren Erscheinungsbild erstrahlte die „alte Tante Ju" wieder im neuen Glanz.
Die Abbildungen ermöglichen detaillierte Einblicke in den gestalterischen Aufbau und die Gliederung eines sternförmigen Kolbenmotors.
Oberste Priorität für Passagiere und Besatzung hat die Flugsicherheit. Deshalb werden auch sämtliche Holmenrohre, Motoraufhängungen und Verstrebungen regelmäßig auf Materialveränderungen wie Abrieb, Risse oder Verformungen untersucht.

Der Luftfahrtpionier Prof. Hugo Junkers

Prof. Hugo Junkers (1859 – 1935), Wissenschaftler, Konstrukteur, Visionär und leidenschaftlicher Demokrat, prägte wesentlich die Anfangsjahre der modernen Luftfahrtgeschichte.
Foto: Hugo Erfurth/Dresden 1927

Im linksrheinisch gelegenen Rheydt, heute Stadtteil von Mönchengladbach, wurde Hugo Junkers am 3. Februar 1859 als dritter Sohn von sieben Kindern eines Webereibesitzers geboren. Es war ihm nicht in die Wiege gelegt worden, einmal zu den Wegbereitern der modernen Luftfahrt zu gehören. Nach Schulzeit und Praktikum studierte er Maschinenbau an den Technischen Hochschulen in Berlin-Charlottenburg, Karlsruhe und Aachen. Wiederholt lobten die Lehrer beim Studenten Junkers unter seinen vielen Vorzügen auch das ausgeprägte „praktische Gefühl". Es war Prof. Adolf Slaby, der an der TH Charlottenburg die Fachgebiete Elektrodynamik und Thermodynamik unterrichtete und besonders Hugo Junkers für dieses neue Forschungsgebiet begeisterte. In Junkers' Notizen aus dem Jahre 1885 finden sich bereits Hinweise auf sein Interesse an der Luftfahrttechnik. Die Erforschung der Aerodynamik und die Lösung der Antriebsfrage waren für ihn die Schlüssel zur Luftfahrtentwicklung, die Pioniergeist in jeder Hinsicht erforderten. Seitdem hielt ihn dieses Forschungsthema nicht mehr los.

1888 empfahl Slaby dem Direktor der Deutschen Continental-Gas-Gesellschaft in Dessau, Wilhelm Oechelhaeuser sen., als dieser einen jungen aufgeweckten und dynamischen Mitarbeiter für seine Gasmotorenforschung suchte, den „Civilingenieur" Hugo Junkers. Noch im gleichen Jahr kam Junkers nach Dessau, der „Gasstadt", einem führenden Zentrum der deutschen und europäischen Gasindustrie. Gemeinsam mit Wilhelm von Oechelhaeuser jun. entwickelte er den ersten Doppelkolben-Verbrennungsmotor, registriert am 8. Juli 1892 unter der Patentschriftnummer 66 961, Klasse 46. Wenige Tage zuvor, am 29. Juni, erhielt Junkers sein erstes eigenes Patent unter der Registriernummer 71 731, Klasse 42, mit der Bezeichnung „Kalorimeter". Mit dem Messgerät zur Heizwertbestimmung brennbarer Flüssigkeiten und der Verbrennungsmotorentechnik waren die Bereiche für seine ersten Arbeitsgebiete klar umrissen. Werkstoffkunde, Materialforschung, Blechverarbeitung, Statik und Fragen der Wärmeübertragung bildeten die Schwerpunkte seiner Primärforschung. Er eignete sich dadurch einen Wissens- und Erfahrungsschatz an, der zur Ausprägung einer von ihm nun lebenslang befolgten Methodik führte, um ein technisch-wissenschaftliches Problem zu lösen. Hand in Hand gingen dabei Empirie und Theorie, wobei die Theorie stets praxisgebunden und praxisorientiert blieb.

Grundlagenforschung war bei Junkers stets auf unmittelbare Anwendung, auf Zweckgebundenheit ausgerichtet. Berechnet und verallgemeinert wurde nur dort und in dem Maße, wie es das Produkt erforderte. Nicht der theoretische Formelsatz stand in seinem Denken obenan, sondern das patentierte Ergebnis in möglichst produktreifer Form. Um theoretische Lösungen und Praxisaufgaben optimal zu meistern, wurden die geforderten Parameter einer Maschine, eines Aggregates oder Bauteiles in seine verschiedenen Bestandteile zerlegt und untersucht. Nach Junkers' Methode waren nun „Schwierigkeiten für sich zu untersuchen in geeigneter Weise, also derart, dass man Apparate schafft, die losgelöst sind von allem Beiwerk". Das heißt, eine Gesamtproblemstellung wurde in Einzelprobleme unterteilt und diese, jedes für sich betrachtet, untersucht. Lag die Summe der Einzelergebnisse vor, erfolgte die Endauswertung im Interesse der Gesamtlösungsfindung.

Diese Methodik erfolgreich angewandt, brachte z. B. universelle Erkenntnisse für die Be- und Verarbeitung von dünnwandigen Blechen in Werkstoffforschung, Technologie und Typisierung. Dadurch wurde es möglich, die verschiedenen Bauteile und Baugruppen je nach Verwendungszweck und Flugzeugtyp rationell zu fertigen, um sie für die Montage in den verschiedenen Fertigungsstätten der Junkerswerke vorzubereiten. Gerade diese exakten Forschungsergebnisse bildeten die Grundlage für die Entwicklung der Ganzmetallflugzeuge und die Anwendung im Metallhausbau.

1897 wurde Hugo Junkers als Ordentlicher Professor für Thermodynamik an die Technische Hochschule Aachen berufen. Er übernahm die Leitung des dortigen neu eingerichteten Maschinenlaboratoriums. Noch im selben Jahr gründete er in Aachen die „Versuchsanstalt Professor Junkers", ein Forschungs- und Konstruktionsbüro, um neben seiner Hochschultätigkeit auch praktische Entwicklungsarbeit durchzuführen.

Angeregt durch Flugversuche mit einem französischen Voisin-Delagrange-Doppeldecker seines Hochschulkollegen, dem Mathematiker und Physiker Hans Jakob Reissner, der seit 1906 den Lehrstuhl für Mechanik an der TH Aachen innehatte, begann Junkers, sich verstärkt Fragen der Aerodynamik zuzuwenden. Es enstand sein erster Windkanal, in welchem er mit verschiedenartig geformten Flugprofilen aus Lagenschichtholz aerodynamische Versuche durchführte. Seine Forschungsergebnisse führten ihn schließlich zu einem völlig neuen Konzept im Flugzeugbau, denn die wirtschaftliche und sicherheitstechnische Anordnung von Mensch, Maschine und Nutzlast konnte nur mit neuartigen Materialien möglich gemacht werden. Das war eine Erkenntnis von großer Tragweite.

Ergebnis dieser grundlegenden Forschung ist beispielsweise das am 1. Februar 1910 unter der Bezeichnung: „Gleitflieger mit zur Aufnahme von nicht Auftrieb erzeugenden Teilen dienenden Hohlkörpern" erteilte Junkers-Patent mit der Nr. 253 788.

Hinter dieser spröde klingenden Bezeichnung verbirgt sich nichts anderes als der selbsttragende

Das größte Landflugzeug seiner Zeit, eine Junkers G 38 „Generalfeldmarschall von Hindenburg", Werk-Nr. 3302, Kennung D-2500, auf dem Flughafen Halle/Leipzig im Sommer 1933.
Foto: Lufthansa

Eine stilisierte J1 zierte bis 1924 als Firmenlogo den Junkers-Flugzeugbau.
Sammlung des Autors

Alle Ansichten dieser Seite: Sammlung des Autors

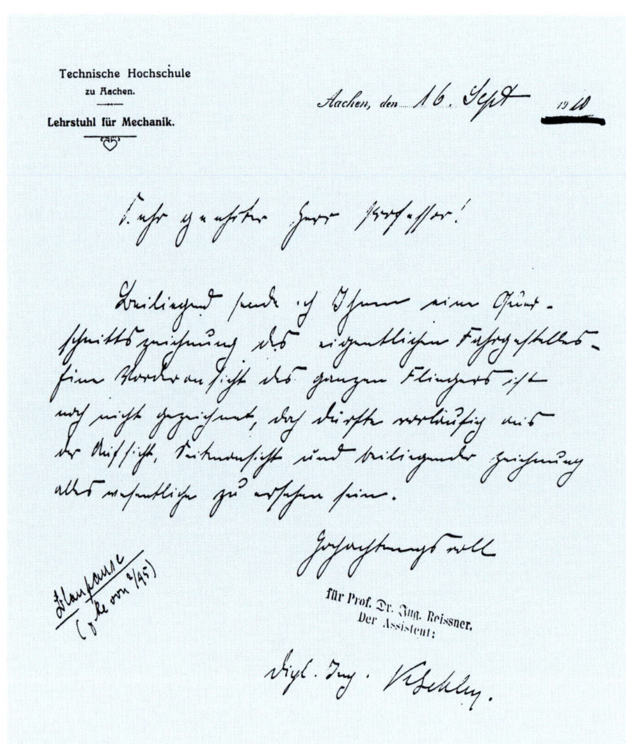

Technische Hochschule zu Aachen.
Lehrstuhl für Mechanik.

Aachen, den 16. Sept 1910

Sehr geehrter Herr Professor!

für Prof. Dr. Ing. Reissner,
Der Assistent:

Im Auftrag von Prof. Reissner übergibt dessen Assistent mit Begleitschreiben vom 16. September 1910 eine Querschnittszeichnung des Fahrgestells der Reissner-Ente zur Begutachtung an Prof. Junkers.
Dokument: Junkersarchiv DMM

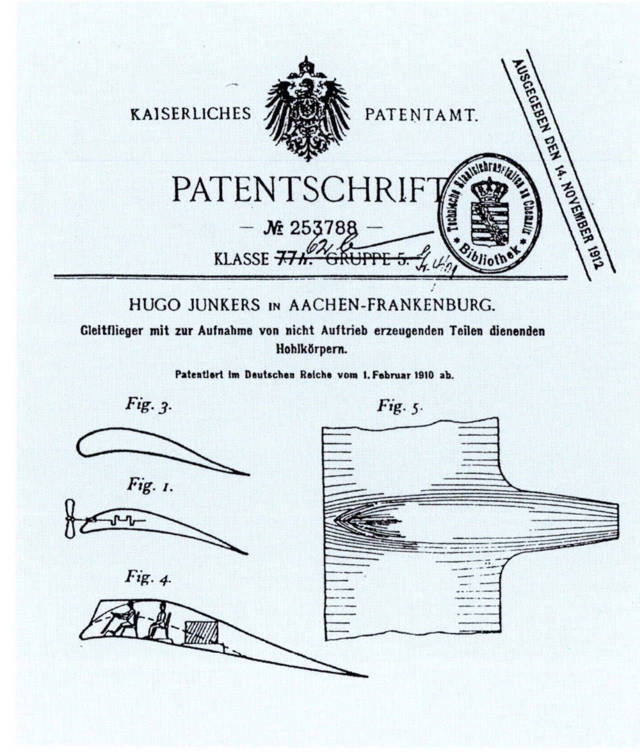

KAISERLICHES PATENTAMT.

AUSGEGEBEN DEN 14. NOVEMBER 1912

PATENTSCHRIFT
— № 253788 —
KLASSE 77h. GRUPPE 5.

HUGO JUNKERS IN AACHEN-FRANKENBURG.

Gleitflieger mit zur Aufnahme von nicht Auftrieb erzeugenden Teilen dienenden Hohlkörpern.

Patentiert im Deutschen Reiche vom 1. Februar 1910 ab.

Rechts oben: Erstes Junkers-Patent vom 1. Februar 1910 auf dem Gebiet der Aerodynamik.

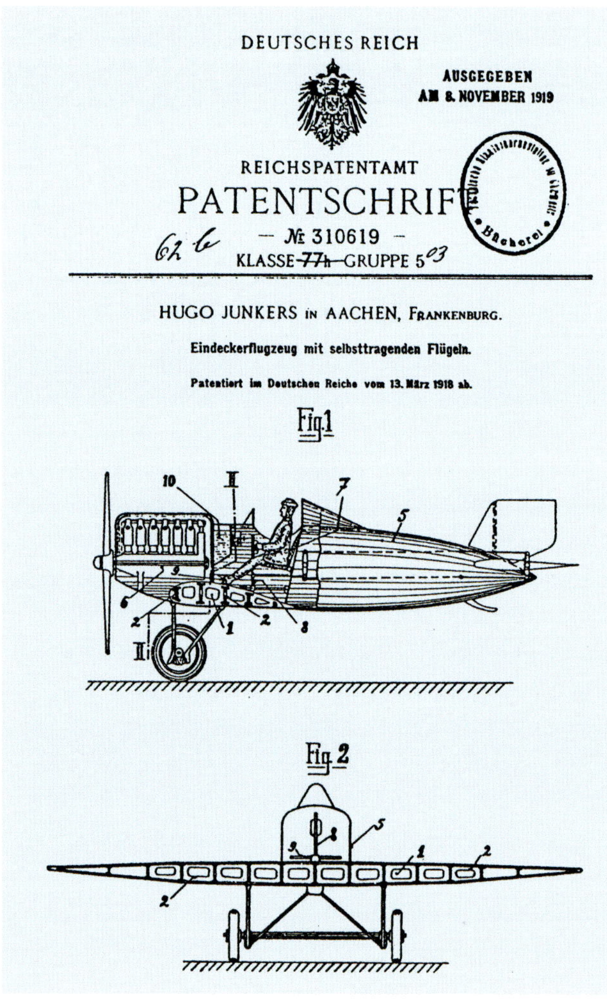

DEUTSCHES REICH

AUSGEGEBEN AM 8. NOVEMBER 1919

REICHSPATENTAMT
PATENTSCHRIFT
— № 310619 —
KLASSE 77h GRUPPE 5

HUGO JUNKERS IN AACHEN, FRANKENBURG.

Eindeckerflugzeug mit selbsttragenden Flügeln.

Patentiert im Deutschen Reiche vom 13. März 1918 ab.

Für das Prinzip eines freitragenden Tiefdeckers erhielt Junkers am 13. März 1918 eine Patenterteilung.

aerodynamisch gewölbte Körper einer Tragfläche, das Grundgerüst unserer modernen Luftfahrt. Dieses Patent, das über 100 Jahre alt ist, bildet das Fundament, auf dem die Tragflächenkonstruktionen heutiger Flugzeuge beruhen.

Junkers' Ideen und Visionen gingen jedoch noch weiter. Ihm schwebte letztendlich ein Flugzeug vor, das nur aus einer großen Tragfläche bestand, der Idealzustand in der Aerodynamik, um dadurch den günstigsten Auftrieb zu erhalten. In diesem Nurflügel-Flugzeug sollten Passagiere, Frachtgut, Treibstoff und Flugmotore untergebracht sein. Nach seinen Vorstellungen könnten in so einem Riesenflugzeug 100 bis 1000 Reisende die Kontinente und Ozeane überbrücken. Damit waren Visionen geboren, die in der heutigen A 380-Ära ihre Verwirklichung gefunden haben. Künftige Entwicklungen im Flugzeug-/Fluggerätebau können auf die Junkers`schen Forschungsergebnisse aufbauen.

SIEGESZUG FÜR DAS FLUGZEUG

Im Jahre 1910 stand Deutschland ganz im Zeichen der Luftschiffe. Leichter als Luft, hieß die Devise. Es dauerte mindestens zwei Jahrzehnte, ehe sich in den modernen Industrieländern diese von Junkers angeregte Ganzmetall-Bauweise von Flugzeugen durchsetzen sollte. Mit dem freitragenden dicken Flügel in

Mit ihrer offenen, teiltransparenten Ausstellungspräsentation des zweisitzigen Sportflugzeuges Junkers A 50 auf der Deutschen Luft-Sportausstellung 1932 in Berlin setzte die Junkers-Reklame neue Akzente. Der Besucher bzw. Luftfahrtinteressierte erhielt dadurch einen Einblick auf das solide und sichere Konstruktionsgerüst.
Foto: picture-alliance/akg-images

einer Holmentragwerk-Konstruktion bzw. Schalenbauweise sowie der genialen Flugzellensegmentierung zur Sicherheit der Passagiere und des Flugpersonals begann der Siegeszug dieser sensationellen Konstruktion, Basis für Sicherheit und Wirtschaftlichkeit. Auf der ILA 1911, der Internationalen Luftschifffahrt-Ausstellung in Frankfurt/Main, wurde Hugo Junkers für seine neu entwickelte Ganzmetall-Luftschraube mit dem Kaiserpreis geehrt. Seine neuartigen Flugmodelle aus dünnwandigem Stahlblech hingegen, die er bereits im Windkanal erfolgreich getestet hatte, fanden kaum Resonanz. „Metall kann doch nicht fliegen“, war nicht nur eine weit verbreitete Meinung in den Kreisen der „Aviatiker“; auch eine Reihe von Wissenschaftlern vertrat diese Ansicht und tat diesen unkonventionellen „Vorstoß“ mit einem energischen Kopfschütteln ab. Holz, textile Stoffe und Spanndrähte bestimmten die Leichtbauweise in den Anfangsjahren der „Aviatik“.

Dies sollte sich erst mit dem Bau der Junkers J 1 ändern, dem ersten freitragenden Ganzmetall-Flugzeug in Mitteldecker-Bauweise, das 1915 in Dessau entstand. Damit lieferte er den Beweis: Metall kann doch fliegen. Natürlich interessierte sich das Militär dafür. So bezahlte Junkers, wie er in seinen Tagebüchern vermerkte, seine Ideen mit vielen Kompromissen, schlaflosen Nächten und Alpträumen. Seine 1917 unter behördlichem Zwang gegründete Firma „Junkers und Fokker AG“ lässt er ab Juni 1919 nur noch unter seinem Namen laufen. Mit dem innerhalb von

Hans Jakob Reissner mit Ehefrau Josefine, links im Foto, vor seinem Flugzeug in der Ausführung von 1912 auf dem Flugplatz Merrbrück bei Aachen. Die noch mit Draht verspannten dünnwandigen Metallflügel und das Leitwerk wurden in der Dessauer Badeofenfabrik von Hugo Junkers gefertigt.
Foto: Sammlung des Autors

nur sechs Monaten entwickelten und gebauten ersten Ganzmetall-Kabinen-Verkehrsflugzeug, der Junkers F 13, konnten nun konstruktiv-technologisches Know-how und wissenschaftliches innovatives Denken gleichermaßen präsentiert werden.

Als nach dem Ersten Weltkrieg der Neuaufbau seines Flugzeugwerkes geplant war, versuchte Junkers, auch hier das erprobte Konzept der Gasthermenproduktion anzuwenden: Forschung, Produktion und Vertrieb vereint in einer Hand. Unter der Prämisse des optimalen Absatzes seiner Flugzeuge entstand 1921 die Abteilung Luftverkehr, nachfolgend „Junkers Luftverkehr AG“. Durch den Aufbau einer eigenen Motorenfabrikation in Dessau, sein erstes Motorenwerk entstand 1913 in Magdeburg, suchte er sich ab 1923 von jeglicher Abhängigkeit frei zu machen.

Und einem autarken Fabrikanten von Flugzeugen kam eine ganz andere Geltung und Stellung zu als einem Gasbadeofen-Produzenten. Angesichts der Herausbildung der Luftfahrtindustrie zu einem neuen Industriezweig und dessen politischen Stellenwerts im Selbstverständnis des Staates nahmen die Junkerswerke, wie auch Junkers selbst, nunmehr einen wirtschaftspolitischen Platz innerhalb der Weimarer Republik ein. Der zielgerichtete Aufbau eines internationalen Luftverkehrs, wie ihn Hugo Junkers ab 1919 anstrebte, involvierte ihn sofort in die durchaus komplizierten außenpolitischen Beziehungen der Weimarer Republik.

Nun wurde Junkers international bekannt. Besonders die zahlreichen Neugründungen von Luftfahrtgesellschaften in nahezu allen Erdteilen profitierten von den Junkers-Flugzeugen und deren Bauweise. Zahlreiche Projekte für Riesen- bzw. Großflugzeuge konnte Junkers durch die Ratifizierung des Vertrages von Versailles zu Beginn der Zwanzigerjahre und den daraus folgenden sogenannten Begriffsbestimmungen nicht realisieren. Doch unbeirrt an den Fortschritt und das Gute im Menschen glaubend, arbeitete Hugo Junkers mit seinem Mitarbeiterstamm an der Weiterentwicklung seines Patentes aus dem Jahre 1910.

Als sich der 23-jährige Dipl. -Ing. Ernst Zindel am 14. Juli 1920 bei der Firma Junkers & Co in Dessau als Konstrukteur für Gasapparate zur Warmwasserversorgung und Raumheizung bewarb, konnte er nicht ahnen, dass sein Name einmal eng mit der Luftfahrtgeschichte verbunden sein würde. Ab 1. Oktober 1920 erhielt er eine Anstellung als Konstrukteur im Junkers-Flugzeugwerk auf Basis eines einjährigen Dienstvertrages auf Probe mit enthaltener Konkurrenzklausel.

Zindel war in seinem Aufgabengebiet unmittelbar Dr.-Ing. Otto Mader unterstellt, dem Leiter der Dessauer Forschungsanstalt. Wiederholt erhielt Zindel direkte Aufgaben auch vom Chefkonstrukteur Otto Reuter. Diese Sonderaufgaben erledigte Zindel termingerecht, korrekt und präzise. Sein Engagement und besonnenes methodisches Herangehen, verbunden mit einer analytischen Denkweise, ließen ihn innerhalb kürzester Zeit zu einem der engsten Mitarbeiter um Prof. Hugo Junkers werden. Zindel verstand es ausgezeichnet, bei anfallenden Problem-

Belastungsprobe einer Tragfläche für die Junkers J 1 mit 15 Personen am 6. Oktober 1915.
Foto: Sammlung des Autors

stellungen alle dafür notwendigen Mitarbeiter direkt in die Forschungsarbeit einzubeziehen, wobei er sich selbst als „primus inter pares" sah. Diese Art von Teamwork bildete die Basis der innovativen Junkers-Arbeit. Dadurch gelang es den Junkerswerken innerhalb einer kurzen Zeit, ein völlig neuartiges Konstruktionsprinzip, den segmentierten Zellenbau, im Flugzeugbau einzuführen. Diese Bauweise ermöglichte eine rationelle Fertigung von Flugzeugen, die zugleich einen hohen Sicherheitsstandard aufwiesen.

Es gibt wohl kein Gebiet der Aerodynamik, auf dem Hugo Junkers nicht forschte oder tätig war. Seine Grundlagenforschung und die damit verbundenen Entwicklungen bis hin zur Patentreife, und im Anschluss daran die praktische Verwertbarkeit der Forschungsergebnisse, das war Firmenphilosophie, war Beschreiten neuer Wege, die Junkers zu einem bedeutenden Wegbereiter heutiger Luftfahrt werden ließ.

Doch Junkers begnügte sich nicht damit, zu forschen und Flugzeuge zu bauen, er organisierte seine eigene Fluggesellschaft: die Junkers Luftverkehr AG, mit Hauptsitz in Berlin-Tempelhof. Er war 1924 Mitauslober zum Architekturwettbewerb Tempelhofer Feld, dessen geplanter Büroturm mit Aussichtsterrasse als ein Vorbild für das spätere Lufthansa-Hochhaus in Köln-Deutz angesehen werden kann. Auch bei der Gründung von Fluggesellschaften in Europa, Südamerika und Asien beteiligte er sich und förderte damit den Absatz seiner Flugzeuge. Junkers' PR-Chef Andreas Fischer von Poturzyn umriss in seinem 1925 in Leipzig veröffentlichten Buch mit dem zukunftsträchtigen Namen „Luft-Hansa", den politischen, wirtschaftlichen und technischen Rahmen der künftigen Luftfahrtpolitik. Als 1926 die Deutsche Luft Hansa AG aus der Fusion der Deutschen Aero Lloyd AG und der Junkers Luftverkehrs AG entstand, gehörten der neuen Luftflotte über 30 Prozent der Maschinen vom Typ Junkers F 13 aus den Junkerswerken an. Durch die in den Luftfahrtlinien fliegenden Junkers F 13 und die in ihrer Nachfolge stehenden mehrmotorigen Großverkehrsflugzeuge Junkers G 24, G 31, G 38 und Ju 53/3m verschwand in der internationalen Verkehrsluftfahrt das Vorurteil risikoreicher Flüge mit unwirtschaftlicher Extravaganz. Im Gegenteil, Junkers-Flugzeuge boten den höchsten technischen Standard, größtmögliche Sicherheit und vorzüglichen Reisekomfort für die Fluggäste an Bord, die „Flieger" wurden zu „Stars" der Luftfahrt jener Zeit.

Die Lufthansa-Maschine „Nebelkrähe" vom Typ Junkers F 13, Werk-Nr. 682, mit der Kennung D-338, hier mit Schneekufen, war von 1926 bis 1939 im Liniendienst.
Foto: Lufthansa

DAS FLUGZEUG VERBINDET LÄNDER UND KONTINENTE DER ERDE

Durch sein Handeln als Luftfahrtpionier zollte man Hugo Junkers großen Respekt. Ende 1925 machte er sich zu einem engagierten Sprecher der friedlichen Nutzung der Luftfahrt. „Lassen Sie uns das Flugzeug zu einem Kampfmittel froher Menschlichkeit machen, welches allen Menschen und allen Nationen Segen bringt und allen Menschen und allen Nationen zusteht. Das ist der Weg, der uns zu einem wirklichen, einem dauerhaften Aufstieg führt." Zwei Jahre später, im August 1927 bei der ersten Verabschiedung deutscher Ozeanflieger aus Dessau, führte er aus: „Was wir von der Luftfahrt erwarten, das ist nicht bloß das Bauen von Flugzeugen jeglichen Typs, sondern wir müssen große volkswirtschaftliche Aufgaben erfüllen. Wir müssen Flugzeuge benutzen, um die Völker einander näher zu bringen: Mein schönstes Ziel ist,

Die Südamerika-Expedition 1922/23, Zwischenstation in Rio de Janeiro, erfolgte mit einer Junkers F 13, Kennung D-217.
Foto: Lufthansa

Im teilverglasten Cockpit einer F 13 spürten die Piloten noch unmittelbar den Flugwind und das Wettergeschehen.
Foto: Lufthansa

Unter dem Namen „Präriehuhn" flog diese Junkers F 13, Werk-Nr. 768, Kennung D-556, von 1927 bis 1936 für die Badisch-Pfälzische Luft Hansa AG Mannheim.
Foto: Lufthansa

Sprichwörtlichen Service der Spitzenklasse bot der fliegende Speisewagen der Luft Hansa mit der Junkers G 31.
Foto: Sammlung des Autors

In einigen Maschinen der G 24 stand für Geschäftsreisende als zusätzlicher Service auch eine fest installierte Schreibmaschine zur Verfügung. *Foto: Lufthansa*

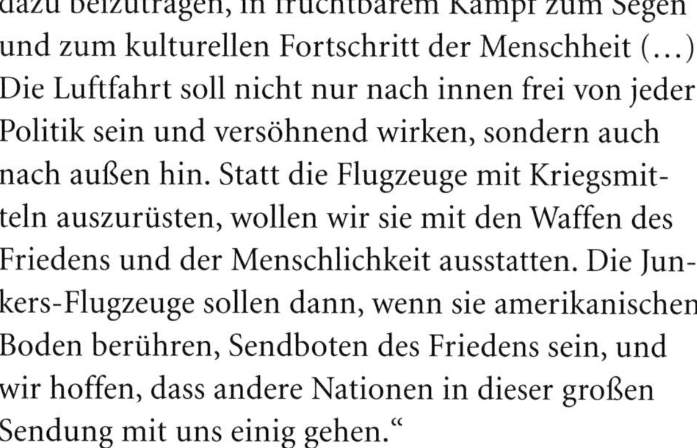

dazu beizutragen, in fruchtbarem Kampf zum Segen und zum kulturellen Fortschritt der Menschheit (…) Die Luftfahrt soll nicht nur nach innen frei von jeder Politik sein und versöhnend wirken, sondern auch nach außen hin. Statt die Flugzeuge mit Kriegsmitteln auszurüsten, wollen wir sie mit den Waffen des Friedens und der Menschlichkeit ausstatten. Die Junkers-Flugzeuge sollen dann, wenn sie amerikanischen Boden berühren, Sendboten des Friedens sein, und wir hoffen, dass andere Nationen in dieser großen Sendung mit uns einig gehen."

Der deutsche Demokrat Hugo Junkers war Weltbürger. Er sah seine Flugzeuge als Kulturträger zwischen den Völkern und Nationen und vertrat die Auffassung, dass Menschen, die sich geistig und kulturell näher kommen, sich auch besser verstehen. Getragen von dieser Zielstellung und der damaligen Techniteuphorie entstand Ende 1929 das größte Landflugzeug seiner Zeit, die Junkers G 38. Sie galt als ein technisches Wunderwerk an Größe, Komfort und Knowhow. In zwei Etagen waren 30 bzw. 34 Passagiere untergebracht, die während des Fluges wie auf einem

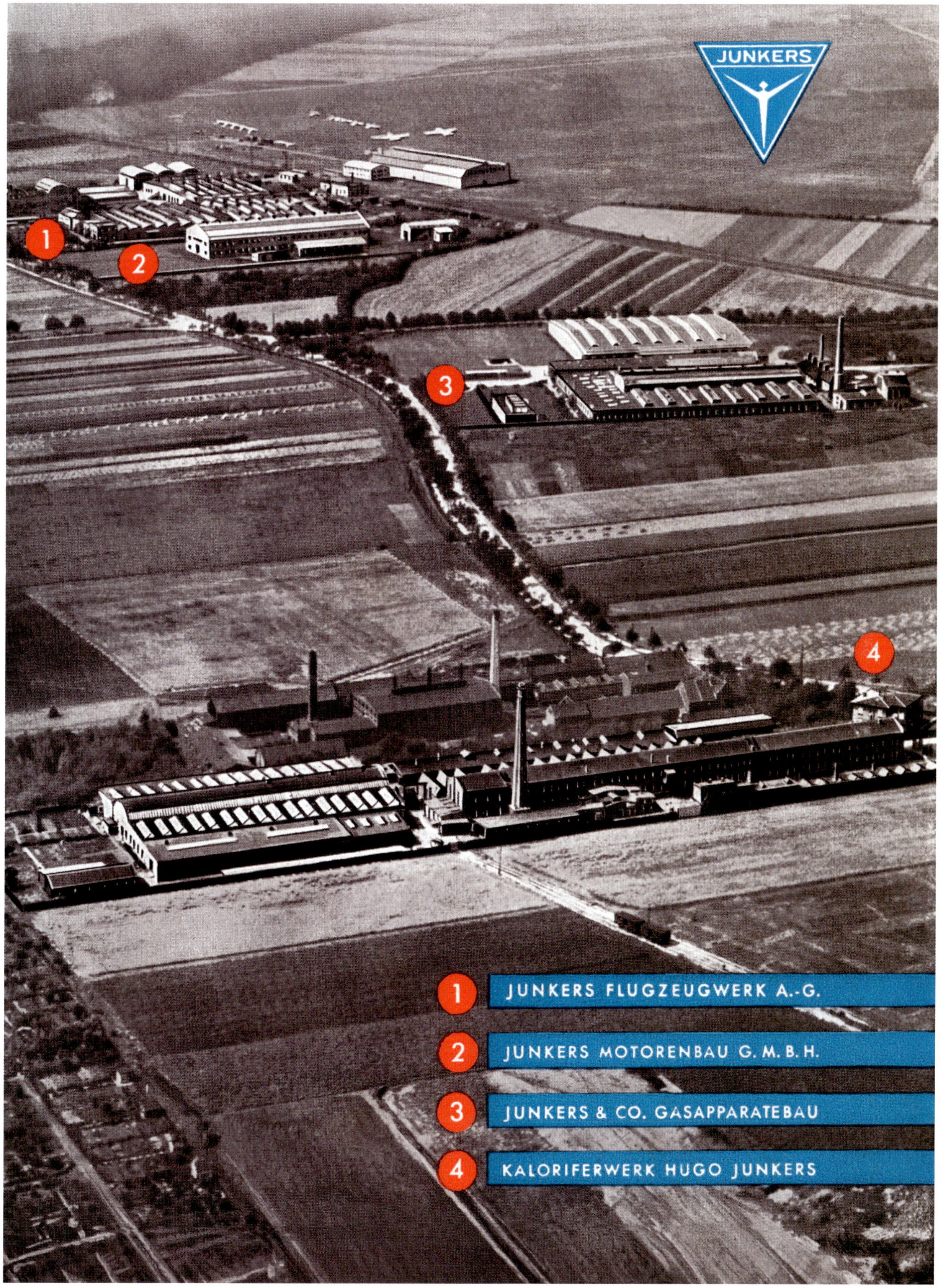

Junkerswerke in Dessau, Stand 1928.
Foto: Sammlung des Autors

Ein Plakat der Junkerswerke Dessau aus dem Jahr 1924 verdeutlicht den Einsatz der Junkers-Flugzeuge im europäischen Liniendienst vor der Gründung der Deutschen Luft Hansa AG.
Foto: Sammlung des Autor

Junkers-Flugzeuge besaßen stets eine eigene Bordleiter, die das Einsteigen der Fluggäste ermöglichen sollte. Zum Flugservice gehörte auch der Luftboy, der wie hier, bei einer Junkers G31, den Passagieren bei der Gepäckabgabe behilflich ist.
Foto: Lufthansa

Treffen zweier Giganten der Lüfte. Am 21. August 1932 überfliegt bei Hamburg eine Junkers G 38 das auf der Alster liegende Flugboot Dornier Do X. *Foto: Lufthansa*

Eine Junkers G 31 und der Chic der „Goldenen Zwanzigerjahre" auf einem Plakat des Grafikers Otto Arpke verdeutlichen den Zeitgeist und Fortschrittsgedanken einer ganzen Generation, 1929.
Foto: Sammlung des Autors

Flughafen Königsberg mit der dreimotorigen Junkers G 24 „Cupido", Werk-Nr. 941, Kennung D-1088, die ab 1927 bei der Deutschen Luft Hansa eingesetzt war. *Foto: Lufthansa*

Am 1. Mai 1926 eröffnete die Luft Hansa mit dreimotorigen Junkers G 24-Maschinen in Europa die erste Passagier-Nachtflugstrecke zwischen Berlin und Königsberg.
Foto: Lufthansa

Promenadendeck ganz entspannt durch die breiten Fensterfronten an der Flügelvorderkante auf die überflogene Landschaft schauen konnten.

Ein Zehnstundenflug über Deutschland, Flüge nach Paris zur Tagung der Fédération Aéronautique Internationale und ein Europarundflug, bei dem elf Hauptstädte angeflogen wurden und Prominenz aus Wirtschaft und Politik das Flugzeug kennenlernten, festigten international den Ruf von Hugo Junkers als innovativsten Flugzeugproduzenten. Auch Künstler waren begeistert. So konstatierte ein Bauhäusler im Juni 1930: „Es ist erstaunlich, dass ein Künstler wie der Russe El Lissitzky mehr Interesse für das neueste Flugzeug von Junkers als für das Bauhaus bekundet."

Im Liniennetz der Deutschen Lufthansa zwischen Berlin-Hannover-Amsterdam-London und zurück bis zum Beginn des Zweiten Weltkrieges eingesetzt, erhielt dieses Flugzeug von den zufriedenen Fluggästen den bezeichnenden Namen „Fliegendes Junkers-Hotel". Das entsprechende Patent zu diesem Flugzeug weist bereits konstruktive Grundsätze auf, die auch in der späteren Airbus-Technik zu finden sind. Nicht zu Unrecht kann daher dieses Großflugzeug als ein Prototyp der heutigen Airbus-Entwicklung angesehen werden.

Für die „Illustrierte Flugwoche", eine in den Zwanzigerjahren gern gelesene Zeitschrift, gestalteten Hans und Botho von Römer in ihrem „Atelier für künstlerische und technische Propaganda" in München mehrere Titelseiten. Das Juliheft 1927 zeigte die dreimotorige Junkers G 31, einen Vorläufer auf dem Weg zur Ju 52.
Foto: Sammlung des Autors

Im Rahmen des 21. Kurt-Weill-Festes erlebte die Doppelstadt Dessau-Roßlau am 23. Februar 2013 die Uraufführung einer „Junkers-Saga". Ein modernes Theaterstück, dessen Inhalt und Inszenierung für heftige Diskussionen, Streitgespräche und kontroverse Presseartikel sorgte. Erhitzt hatten sich die Gemüter an der verdrehten Darstellung der historischen Ereignisse und einer fragwürdigen Inszenierung der Hauptfigur Hugo Junkers, seiner Familie und Mitarbeiter. Obwohl die Schauspieler ihr Bestes gaben, blieb das Stück eine Farce, die Zuschauer waren empört, die Besucherzahlen gingen zurück. Nur wenige fanden den Weg zu den im Nachhinein kurzfristig für das Publikum angesetzten dramaturgischen Einführungsgesprächen in Dessaus Anhaltischem Theater. Das Stück wurde abgesetzt.

Auf der historischen und berühmten Bauhausbühne in Dessau spielte der Schauspieler Gerald Fiedler den legendären Ingenieur, Wissenschaftler, Flugzeugkonstrukteur und Weltbürger Prof. Hugo Junkers in der Junkers-Saga „Der fliegende Mensch".
Foto: picture-alliance/dpa

Der spannende Weg zur Junkers Ju 52

Mit der am 25. Juni 1919 zum Erstflug gestarteten Junkers F 13, dem ersten Kabinenverkehrsflugzeug in Ganzmetallausführung und freitragender Tiefdeckerbauweise, gelang Hugo Junkers und seinem Konstrukteur Otto Reuter ein großer Wurf, der für fast ein Jahrzehnt die Richtung des internationalen Flugzeugbaus bestimmte. Die Junkers F 13 wurde zu einem Welterfolg, wie er keinem anderen Flugzeug zuvor beschieden war.

Die Verkehrsluftfahrt erhielt mit der Junkers F 13 und den in ihrer Nachfolge stehenden Großflugzeugen Junkers G 23, G 24 und G 31, alle von Ernst Zindel konstruiert, den Beigeschmack risikoreicher Flüge ins Ungewisse und kostenintensiver Extravaganz. Durch Tiefdeckerbauweise in einer Holmentragwerkkonstruktion und Dreimotorenantrieb schuf Junkers Flugzeuge, die durch eine solide Ganzmetallbauweise größtmögliche Sicherheit und bequeme Unterbringung der Passagiere garantierten. Junkers-Flugzeuge konnten hohen Belastungen ausgesetzt werden, sie waren feuerfest und wetterbeständig. Sie punkteten bei dieser gut durchdachten Konstruktion mit geringem Wartungsaufwand und boten trotzdem hohen technischen Komfort.

Mit dem ab 1929 zum Einsatz gelangten Schwerölmotor schließlich erhöhte sich die Reichweite der Flugzeuge, sie wurden wirtschaftlich effektiv und konnten so erfolgreich mit anderen Verkehrsträgern konkurrieren. Hugo Junkers baute die globalisierte Luftfahrt aus, gründete Fluggesellschaften in Europa, Südamerika und Asien. In diesen Gesellschaften, an denen Junkers stets beteiligt war, flogen vorrangig Junkers-Maschinen. So kam es zu einer fruchtbaren Wechselwirkung. Die praktische Erfahrung im Flugbetrieb, der sich auch wirtschaftlich lohnen sollte, beeinflusste die Flugzeugfertigung gestalterisch und konstruktiv. Umgekehrt profitierten die Fluggesellschaften und ihre Crews von der stetigen Verbesserung der Junkers-Flugzeuge, was ihr Image erhöhte. Positive Rückkopplung eben. Learning by doing.

WIRTSCHAFTSFAKTOR LUFTVERKEHR

Als 1922 die Engländer für ihre neue Kolonie in Neu-Guinea große Transportflugzeuge benötigten, konnte Junkers liefern.

Die einmotorige Junkers W 33 und die dreimotorige Junkers G 31, alles Entwicklungen von Ernst Zindel, bewährten sich in den unwegsamen tropischen Gebieten hervorragend. Die Erfolge mit dem englischen Frachtunternehmen sowie der Bedarf der Fluggesellschaften in anderen Ländern der Welt, besonders in Südamerika, der Sowjetunion, Persien und China, wo per Land weite Strecken auf teils schlechten Wegen oder unwegsamem Gelände zurückzulegen waren, bestätigten diese Entwicklungsrichtung. In Zusammenarbeit mit der kaufmännischen und technischen Abteilung von Junkers-Luftverkehr (JLAG) entstand 1925 ein Memorandum über die Wirtschaftlichkeit im zivilen Luftverkehr. Angeregt von Professor Junkers erarbeiteten Kurt Weil von der technischen und Hans Maria Bongers von der kaufmännischen Seite ein richtungsweisendes Konzept, welche Leistungen ein Flugzeug erbringen muss, um unabhängig von staatlichen Subventionen wirtschaftlich erfolgreich zu arbeiten. Man ging von der Überlegung aus, dass sich der Luftverkehr gegenüber anderen Verkehrsmitteln nur dann erfolgreich entwickeln und durchsetzen kann, wenn er Flugzeuge einsetzt,

Passagierabfertigung auf dem Flughafen Berlin-Tempelhof. Die Lufthansa-Maschine „Dommel“ vom Typ Junkers F 13, Baujahr 1923 mit der Werk-Nr. 706, flog bis 1934 mit der Kennung D-582, danach für die DVS-GmbH unter der Kennung D-OLAS.
Foto: Lufthansa

Eine flugbegeisterte Dame posiert auf dem Leitwerk einer Junkers G 23 in Dübendorf. Die ab 1924 im Liniendienst der schweizerischen Fluggesellschaft Ad Astra Aero stehende G 23-Maschine war das erste dreimotorige Passagiergroßflugzeug der Dessauer Junkers-Werke.
Foto: Sammlung des Autors

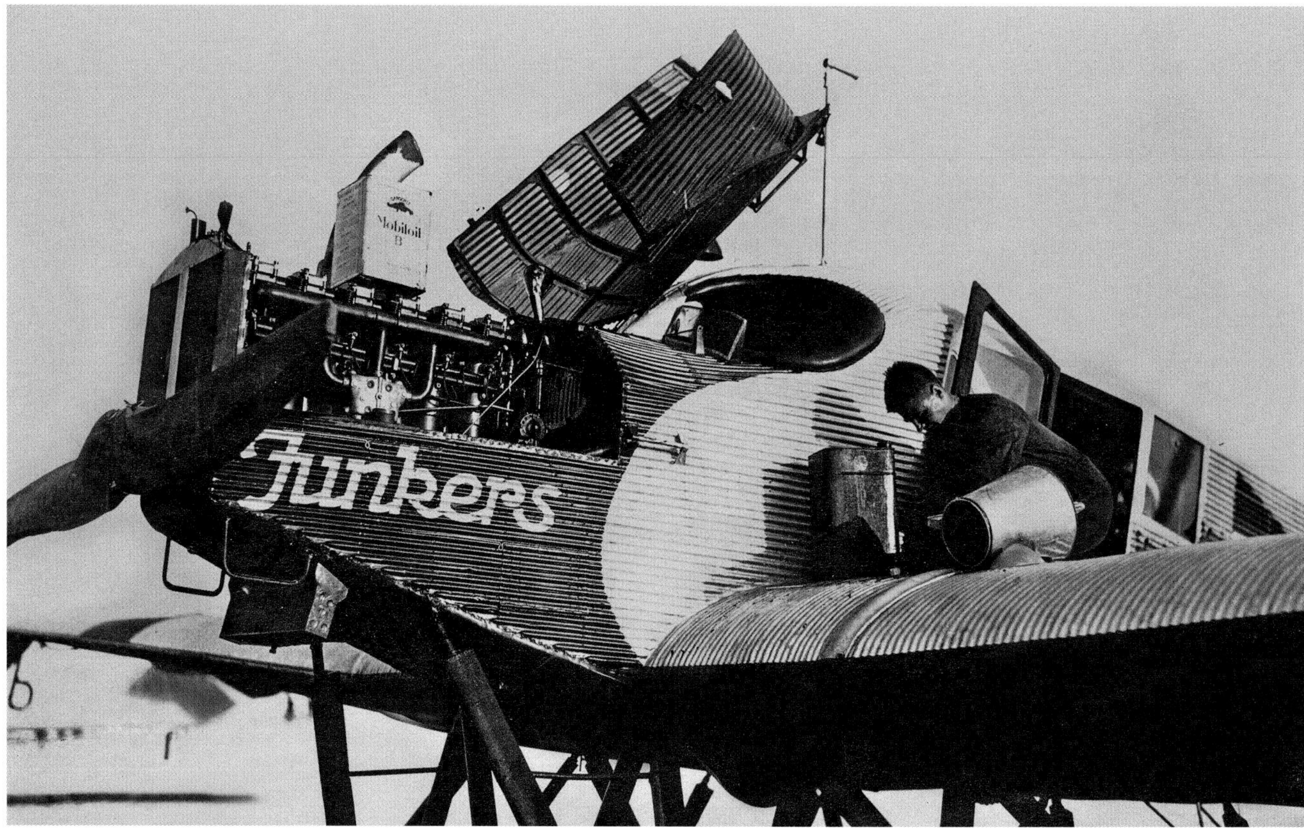

Motorenwartung an einer Junkers F 13. Durch große, leicht bedienbare Klappen ist der Motorraum gut zugänglich und prüfbar. Sämtliche Verkleidungsklappen und -hauben sind mit Leder oder Hartgummi abgepolstert bzw. eingefasst. Die Schnellverschlüsse der Verkleidungsbleche sind gut erkennbar und ergonomisch so geformt, dass sie nicht unbeabsichtigt geöffnet werden können. Ein typischer Junkers-Service.
Foto: Lufthansa

Auch die komfortable Innenausstattung der Junkers F 13, sogar mit einer Warmluftheizung ausgerüstet, entsprach den hohen Qualitäts- und Sicherheitsstandards, die Prof. Hugo Junkers an ein Passagierflugzeug stellte und die er mit seinem Werksteam umsetzte.
Foto: Sammlung des Autors

die im Masse-Leistungs-Verhältnis kostengünstig und zuverlässig operieren.

„Ein gutes Flugzeug mit einem günstigen Verhältnis von Nutzlast zu Eigengewicht, also ein gutes Transportflugzeug, ist nur dann auch das Beste, wenn es in einem bestimmten Zeitraum diese Leistungen möglichst oft, zuverlässig, ohne Betriebsstörungen und ohne sich dabei zu schnell abzunutzen erbringen kann. Wenn es auch im Flugzeugbau ganz wesentlich darauf ankommt, im Interesse der Nutzlasterhöhung jedes nur mögliche Kilogramm beim Eigengewicht zu sparen, so ist, betriebswirtschaftlich betrachtet, ein gewisses Mehrgewicht doch zu vertreten, wenn damit Betriebssicherheit, Unterhaltungskosten und Lebensdauer günstig beeinflusst werden können."

Die im Memorandum gestellten Forderungen an ein Flugzeug, wie Lebensdauer einer Flugzeugzelle, Nutzung pro Jahr, Betriebszeit zwischen zwei Grundüberholungen bei Zelle und Motor, Arbeitsaufwand einer Überholung u. a. waren neu und bildeten die Basis der späteren Gebrauchswert-Kosten-Analyse. Junkers stimmte diesem Forderungskatalog vollinhaltlich zu und machte ihn zur Basis künftiger Flugzeugentwicklungen. So kam es zu Überlegungen, den Frachtflugverkehr vorrangig mit einem neuen bedarfsgerechten Maschinentyp zu optimieren. Über die Entwicklung der Junkers Ju 52 äußerte sich Ernst Zindel, seit 1927 Chefkonstrukteur im Flugzeugwerk: „Für einen eigenwirtschaftlichen Luftfrachtverkehr brauchte man ein neues, speziell auf diese Aufgabe zugeschnittenes Flugzeug, das in der Anschaffung nicht zu teuer, robust, einfach und billig in der Wartung und Bedienung sein sollte. Um dieses zu erreichen, wollte man sich mit einer einmotorigen Ausführung begnügen." Zielsetzung war die Frachtgutbeförderung von zwei Tonnen kostenpflichtiger Nutzlast über eine Strecke von 1.000 Kilometern. Das

Von der dreimotorigen Junkers G 24 w flogen mehrere Maschinen sehr erfolgreich bei der schwedischen Luftverkehrsgesellschaft A.B. Aerotransport (ABA). Insbesondere die Flugzeuge mit Schwimmer bewährten sich hervorragend, da sie unabhängig von einem Flugplatz in der wasserreichen Landschaft Schwedens nahezu überall starten und landen konnten. Die auf den Namen „Uppland" getaufte Maschine mit der Kennung S-AAGB flog auf der Linie Stockholm – Helsingfors und zurück.
Foto: Sammlung des Autors

war die künftige Ju 52 in einmotoriger Ausführung. Weiter schrieb Zindel dazu fast 50 Jahre später: „Da jedoch die Aussichten eines großzügigen Luftfrachtverkehrs damals noch völlig unübersehbar waren, andererseits die Lufthansa und andere ausländische Fluggesellschaften dringend ein neues, leistungsfähiges Passagierflugzeug und Junkers ein tragfähiges Produkt für den Fabrikationsbetrieb brauchten, waren wir von der Konstruktionsseite her mit unserer Geschäftsleitung darin einig, dass die dreimotorige Passagierausführung bei der Konstruktion neben der einmotorigen Frachtausführung berücksichtigt werden musste." – So entstand ein Flugzeug, das nach einem Grundmuster, je nach Zweck der Nutzung, in der Ausführung ein- bzw. dreimotorig gefertigt werden konnte.

Scherzhaft als „Fliegender Möbelwagen" bezeichnet, wurde die einmotorige Ju-52-Maschine mit der Kennung D-1974 am 17. Februar 1931 auf dem Flugplatz Tempelhof der Öffentlichkeit vorgestellt. Übereinstimmend kam man zur Einschätzung, dass das neue Flugzeug einer bedeutend vergrößerten Junkers-„Bremen" (W 33) glich und ihr veränderter konstruktiver Aufbau den Anforderungen für den Frachtdiensteinsatz im internationalen Luftverkehr ausgezeichnet entsprach. Der große Fortschritt in der wissenschaftlich-technischen Entwicklung lässt sich am besten durch Zahlen verdeutlichen. Steigerung der Motorleistung gegenüber der Junkers W 33 auf das 2,3-fache, eine Vergrößerung der Zuladung auf das 2,5-fache und die des Laderaumes auf das 4,9-fache.

Der internationale Luftverkehr um 1930 hatte – vorwiegend in außereuropäischen Ländern – einen großen Bedarf an Transportraum für Schwergüter. Die Fluglinien benötigten Flugzeuge mit großen Transportkapazitäten. Aufgaben dieser Art konnte die Ju 52 völlig problemlos bewältigen, denn die Gesamtladeraumfläche belief sich auf 22 qm. Zum Vergleich: Ein älteres Frachtflugzeug, etwa das vom Typ Junkers W 33, hatte nur 4,5 qm Fläche zur Verfügung.

ERPROBUNGS- UND TESTFLÜGE ZU LAND UND AUF DEM WASSER

Allen diesen Erfolgen waren gründliche Erprobungs- und Testflüge mit der einmotorigen Junkers Ju 52 und ihren Varianten vorausgegangen. So flog eine Ju-52-Landvariante erfolgreich nach Bukarest und Athen. Eine Schwimmervariante, die von Dessau dem Lauf der Elbe in Richtung Küste folgte, um danach in Travemünde ihre Seetüchtigkeit unter Beweis zu stellen, brachte weitere Anerkennung der Leistungsfähigkeit. Über diesen Flug berichtete der Junkers-Nachrichtendienst in seiner Meldung Nummer 63 vom 20. August 1931: „Die beiden Schwimmer von je 8.000 Litern Verdrängung weisen entsprechend dem beträchtlichen Fluggewicht von sieben bis acht Tonnen beachtliche Dimensionen (elf Meter) auf und zeigen eine speziell für den Seegang durchgebildete Unterwasserform.

Bei den technischen Probeflügen unter Leitung von Dipl.-Ing. Reginald Schinzinger zeigte es sich, dass die neuartige Bodenform der Schwimmer in Verbindung

Die beiden gut gepolsterten Duraluminium-Schalensessel und eine mehrsitzige große Rückenbank garantierten in der Junkers F 13 einen ausgezeichneten Sitzkomfort.
Foto: Junkers-Werke Dessau

Eine Annäherung der Moderne von Kunst und Technik. Wenige Tage vor der offiziellen Eröffnung des Dessauer Bauhauses überfliegt der Prototyp einer Junkers G 31 mit der Werk-Nr. 3000, Kennung D-1073, im November 1926 das Bauhaus-Gebäude. Der Architekt Walter Gropius, Bauhaus-Gründer und dessen Direktor von 1919–1928, bezeichnete das Flugzeug aufgrund seiner modern-funktionalen und dem Bauhaus stark ähnelnden Farbgebung auch als „fliegendes Bauhaus". Im Passagier-Flugdienst der Luft Hansa wurde die Junkers G 31 durch ihren sprichwörtlichen Service der Spitzenklasse, insbesondere durch seine erstmals eingeführte gastronomische Betreuung der MITROPA als „fliegender Speisewagen", europaweit bekannt.
Foto: Sammlung des Autors

Zum 70. Geburtstag von Prof. Hugo Junkers am 3. Februar 1929 (im Bild Dritter von rechts) präsentieren die leitenden Mitarbeiter der Dessauer Junkers-Werke eine Junkers F 24, die mit dem ersten weltweit einsetzbaren Schweröl-Flugmotor Jumo 4 (Diesel) ausgerüstet ist. „Ein fliegendes Geburtstagsgeschenk für unseren Professor und Firmenchef", sagte Jürgen Andreas Fischer von Poturzyn, Leiter vom Junkers-Nachrichtendienst (Zweiter von rechts), während der feierlichen Übergabe.
Foto: Sammlung des Autors

mit der sehr geringen Landegeschwindigkeit, welche durch die Anwendung des sogenannten Doppelflügels hinter der Tragfläche erreicht wird, einen höchst elastischen Stoß bei der Wasserung im Seegang ergibt. So wurde z. B. bei 10 m/s Gegenwind die Wasserung mit kaum 50 km/h vorgenommen. Die aerodynamische Form der Schwimmer bedingt nur eine geringe Geschwindigkeitsverminderung gegenüber der Landmaschine des gleichen Typs."

Daher entschloss sich die Canada Airways Ltd. noch im August 1931, eine einmotorige Junkers Ju 52 als Transportflugzeug für die abgelegenen Pelztierjägerstationen an der Hudson Bay einzusetzen. Je nach den örtlichen und zeitlichen Verhältnissen flog die Ju 52 mit Landfahrgestell, Schwimmern oder Schneekufen. Dank dieser variablen Start- und Landetechnik sowie ihrer robusten, vom Wetter unabhängigen Bauweise war diese Maschine bis 1947 die wichtigste Verbindung zu den Außenstationen. Die kanadische Presse berichtete wiederholt über besondere Einsatzflüge, wobei stets auf die guten Flugeigenschaften und die solide Konstruktion hingewiesen wurde.

Auch der amerikanische Ozeanflieger und einer der Begründer des Polar-Luftverkehrs Bernt Balchen flog während seines Deutschlandaufenthaltes und Besuches der Dessauer Junkerswerke 1931 eine Ju 52/1m. Sein fachkundiges Urteil kleidete er gegenüber der amerikanischen Presse in begeisterte Worte und trug somit zum positiven Image des neuen Junkers-Flugzeugtyps bei. So bildete die erfolgreiche Konstruktion der einmotorigen Junkers Ju 52 die Grundlage, um durch den Umbau der Prototypen nahtlos die Entwicklung der dreimotorigen Ju 52 einzuleiten.

Ernst Zindel schätzte später ein: „Mit einem Forschungsaufwand von ca. 25.000 Konstruktions- und Versuchsstunden für die Weiterentwicklung lagen wir bei Junkers in einem günstigen Zeitplan." Das von Kurt Weil und Hans M. Bongers erarbeitete

Eine Kabine der Junkers G 23 oder G 24. Beide Flugzeuge waren zwar baulich identisch, besaßen jedoch unterschiedliche Motorenleistungen. Neun Passagiere hatten darin einen bequemen Flugreiseplatz der gehobenen Klasse. Die aus Duraluminium-Rohr gefertigten, mit Leder und Filz überzogenen Metallsessel besaßen bereits Anschnallgurte. Eine Netzablage konnte für das Passagier-Handgepäck genutzt werden und im hinteren Fluggastraum befand sich ein separater Waschraum mit Toilette. Für Geschäftsreisende stand als zusätzlicher Service in manchen Maschinen auch ein fest installierter Schreibmaschinenplatz zur Verfügung.
Beide Fotos: Junkers-Werke Dessau

Auf der Fluglinie Berlin–Paris und zurück kam ab dem 29. April 1928 die Junkers G 31 mit der Werk-Nr. 3002, mit Kennung D-1310 „Hermann Köhl", zum Einsatz. Ein Steward sorgte für die gastronomische Betreuung der Passagiere, wobei an diesem Tag, erstmals in der Geschichte der europäischen Luftfahrt, ein Mittagessen auf einer Kochplatte (28 Volt/300 Watt) aus der neu entwickelten „Junkers-Sell-Flugzeug-Bordküche" serviert wurde.

Die modernen Leichtmetallsessel der Junkers G 31, gefertigt nach einem Entwurf des Junkers-Künstlers Friedrich Peter Drömmer, waren die Inspiration für die künstlerische Entwicklung des Stahlrohr-Kufensessels B 3 des damals 23-jährigen Bauhausmeisters Marcel Breuer.

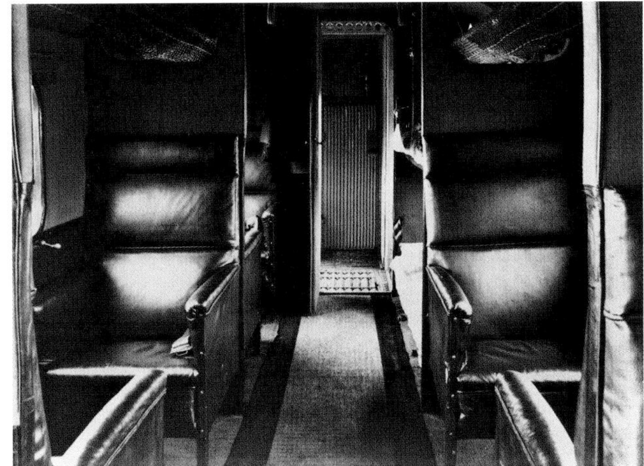

Bei Nachtflügen in einer Junkers G 31 konnten einige Kabinenbereiche auch als Schlafabteil umgestaltet werden. Eine Variante, die insbesondere im medizinischen Flugdienst wiederholt zur Anwendung kam.

Tagsüber entsprachen die Flugabteile wieder dem normalen Sitzstandard der Passagiere. Ein Service, der in dieser Form im Dessauer Junkers-Flugzeugwerk Mitte der 1920er-Jahre entwickelt worden war und nun im täglichen Passagier-Fernflugdienst der Luft Hansa erfolgreich zur Anwendung kommen konnte.
Alle Fotos der Seite: Junkers-Werke Dessau

Memorandum über die Wirtschaftlichkeit im zivilen Luftverkehr zeigte seine ersten Ergebnisse. Die Ju 52/3m vereint in sich alle guten Eigenschaften ihrer einmotorigen Schwester. Durch ihre systematische Weiterentwicklung als ein dreimotoriges kombiniertes Passagier- sowie Frachtflugzeug wurden die bereits vorhandenen qualitativen und quantitativen Merkmale noch effektiver ausgebaut. Ein Fakt, der in der bisherigen Ju-52-Literatur selten Berücksichtigung fand.

Eine besondere Würdigung der „Großfracht-Type Ju 52" kam aus dem Mund des Präsidenten der Fédération Aéronautique Internationale (FAI), Prinz Bibesco, der am 23. September 1931 aus Paris kommend in den Junkerswerken zu Gast war. Sein Interesse galt Maschinen, die mit Junkers-Schweröl-Flugmotoren arbeiteten und im Besonderen der Ju 52. Nach einem Probeflug bestellte er eine dreimotorige Maschine. Der Junkers-Nachrichtendienst veröffentlichte nach der Ausführung des Auftrages am 5. April 1932 folgendes Bulletin: „Das erste dreimotorige Flugzeug ist als Luftjacht für den Präsidenten der FAI, Prinz Bibesco, gebaut und mit drei Hispano-Suiza-Motoren ausgestattet, die eine Maximalleistung von insgesamt 1.900 PS (Mitte 750 PS, Seiten je 575 PS) besitzen. Damit wird eine Maximalgeschwindigkeit von ca. 246 km/h und eine Reisegeschwindigkeit von 220 km/h erreicht. Mit der vorhandenen Betriebsstoffanlage beträgt der Aktionsradius bei einem Gesamtfluggewicht von ca. 9.200 kg rund 2.000 km. Die Brennstoffbehälter jeder Seite sind an je ein Schnellablassventil angeschlossen, die vom Führersitz aus betätigt werden können. Auf diese Weise ist es möglich, den gesamten Brennstoffinhalt innerhalb von zwei Minuten abzulassen. Die Kühlanlage für die Motoren ist so reichlich bemessen, dass das Flugzeug auch in tropischen Gegenden geflogen werden kann. Entsprechend ihrer Verwendung hat die

Überall, wo die Junkers G 38 zu sehen war, hier die D-2500 mit der Werk-Nr. 3302 auf dem Flugplatz Halle-Leipzig bei Schkeuditz, präsentierte sich die Maschine den Besuchern und Passagieren als das größte Landflugzeug seiner Zeit, was Eindruck machte und bestaunt wurde.
Foto: Pressedienst Flughafen Halle-Leipzig 1932

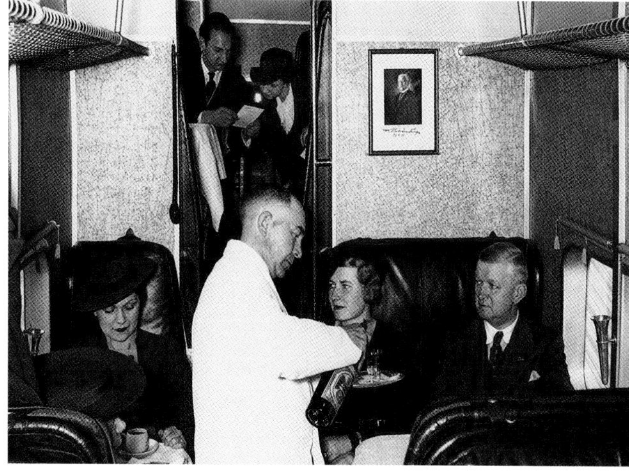

Luftjacht eine besondere Ausstattung erhalten. Hinter dem Führerraum befindet sich eine FT- und Radio-Anlage sowie die Toilette mit Waschgelegenheit. Der etwa 19,6 Kubikmeter große Kabinenraum ist in zwei großzügige Abteile unterteilt, wovon der vordere als Schlaf- und Aufenthaltsraum für die Begleitung, der hintere als Privataufenthalts- und Arbeitsraum für den Prinzen dient.

Der vordere Kabinenraum wurde mit einer schalldämpfenden Isolation, die auf der Innenseite mit Metall-Silbertapete verkleidet ist, ausgestattet. Sämtliche Spanten sind mit Elektronblechprofilen verkleidet und entsprechend farbig gestrichen. Die Deckenrundungen bestehen aus hellfarbig lackierten Sperrholzplatten. Als Innenausstattung sind vier rote bequeme Ledersessel und ein langer Schrank aus Duralblech vorhanden; letzterer dient zur Aufnahme von zwei aus Elektronrohren zusammenlegbaren Bettgestellen, die hintereinander an der Kabinenwand über den Sesseln eingehängt werden können, und der „UVW"-Matratzen. Ferner ist ein Eckschrank aus Duralblech zur Aufbewahrung von Lebensmitteln und Akten sowie ein zusammenklappbarer Tisch, einsteckbar in die Kabinenwand, eingebaut.

Durch eine Tür gelangt man in die hintere Kabine. Dieser Raum wurde ebenfalls mit einer schalldämpfenden Isolation ausgestattet, die aber auf der Innenseite mit Metall-Goldtapete verkleidet ist. Die Spanten, Eckwinkel etc. bestehen aus Elektronblech und sind ebenfalls in einem der Tapete entsprechenden Farbton lackiert. Innenausstattung: eine Couch mit umsteckbarer Rückenlehne, die dann als Bett dient, darunter ein Schrank zur Aufbewahrung der Jagdgewehre (mit dem Flugzeug flog der Prinz auch zur Jagd nach Afrika), ein Klappschreibtisch mit Stuhl in braunem Leder und ein Gepäcknetz. Beide Räume sind mit Teppichen ausgelegt und haben Heizungs-, Beleuchtungs- und eine besondere Belüftungsanlage. Der größte Teil der Griffe für diese Anlagen sowie die Griffe für die Türen usw. sind verchromt. Hinter den Passagierräumen liegt ein größerer Gepäckraum, in dem gleichzeitig Trinkwasserbehälter untergebracht sind. Weitere Frachträume liegen im Flügelmittelstück.

Die Luftjacht trägt die Zulassung CV-FAI (CV-Rumänien, FAI) und zeigt an den Flügelflächen Kokarden in Regenbogenfarben als Symbol der Internationalität der Fédération. Im Übrigen führt das Flugzeug die Hausflagge seines Besitzers und die Farben des Königreiches Rumänien. Neben der Sonderausstattung weist diese Bauvariante bereits den hohen technischen Standard des Passagierflugzeuges und die komfortable bzw. qualitätsvolle Einrichtung der großen Fluggastkabine auf. In einer Junkers Ju 52/3m saß jeder Passagier in der „ersten Klasse".

Nun begann der weltweite Siegeszug eines Flugzeuges, das einen gewichtigen Baustein in der internationalen Luftfahrtgeschichte repräsentiert und Ursprung der heutigen modernen Luftfahrt ist.

Oben und linke Seite unten: Mit ihren 34 Sitzplätzen, verteilt auf zwei Flugetagen, einem Rauchersalon, einer Bordküche, zwei Sanitärbereichen und zwei Aussichtsräumen mit einem Panoramablick aus der verglasten Flügelvorderkante besaß die Junkers G 38 einen für die 1930er-Jahre außergewöhnlich hohen Komfort und Service. *Foto: Lufthansa*

Von der Junkers Ju 52 3m, ausgerüstet mit drei Jumo-205C Schwerölmotoren (je 550 PS Diesel), entstanden 1934 zwei Sonderausführungen. Darunter die D-2526 „Zephyr", Baujahr 1933 mit der Werk-Nr. 4023, die ursprünglich mit 3x BMW Hornet für die Lufthansa flog und nach erfolgtem Umbau 1934 unter dem Namen „Emil Schaefer" bekannt wurde.
Foto: Lufthansa

Auf dem Vorfeld des Flughafens Berlin-Tempelhof wird 1934 eine Junkers Ju 52 mit der Werk-Nr.4050, Kennung D-AJIM „Ulrich Neckel", der Lufthansa von einem Heinkel Schnell-Verkehrsflugzeug He 70 überflogen.
Foto: Lufthansa

Der Nachtflugverkehr für Expressgut auf der Lufthansa-Linie Berlin–Königsberg und zurück erfolgte vorrangig mit der Junkers Ju 52 mit der Werk-Nr.6800, Kennung D-AHGB „Rudolf Kleine“.
Foto: Lufthansa

Eine Sternstunde der Konstruktion

Die Idee zur Entwicklung eines leistungsstarken Transportflugzeuges, der späteren Junkers Ju 52, entstand 1929/30 in Professor Junkers Hauptbüro am Kaiserplatz 21 in Dessau. In Umsetzung dieser Aufgabe entwickelte Chefkonstrukteur Ernst Zindel unter Beachtung marktspezifischer Kriterien ein einmotoriges Frachtflugzeug mit der Typenbezeichnung Junkers G 52, das am 11. September 1930 als Junkers Ju 52, Werk-Nr. 4001, noch ohne Kennung mit dem Flugkapitän Wilhelm Zimmermann zum Erstflug startete. Alle Beteiligten waren überrascht von dem ausgezeichneten Testergebnis. In allen Fluglagen ließ sich das Flugzeug leicht und sicher steuern. Es gab keine Beanstandungen der Flugeigenschaften. Zum Chefkonstrukteur der Ju 52 sagte der Flugkapitän Zimmermann anerkennend: „Die Maschine ist sanft wie ein Lamm!" Nach dem 13. Oktober folgten weitere Versuchsflüge, die den positiven Eindruck weiter festigten.

Die Rumpfwerkkonstruktion der Ju 52 war wie bei allen Junkers-Flugzeugen zwischen 1919 und 1932 als eine selbsttragende Schale ausgebildet, in der Spanten und Streben sowie Holme den statischen Kräfteverlauf aufnahmen und verteilten. Der Tragflügel in bewährter Junkers-Metallbauweise bestand aus einer Rohrholm-Konstruktion mit aufgelösten Diagonalverstrebungen und ähnelte in seiner Struktur einem Fachwerk. Durch die angewandte Segmentbauweise konnte das Flugzeug in einzelne Baugruppen zerlegt werden, außerordentlich günstig für schnelle Austauschbarkeit der Zellen und eine Voraussetzung für die Transportoptimierung der Maschinen und deren Ersatzteile.

Ernst Zindel fasste das in einem Satz zusammen: „Die Zelle war in ihrer äußeren Form, der aerodynamischen Grundausbildung und ihrem Grundaufbau für die einmotorige und dreimotorige Variante praktisch gleich, nur die wesentlichen Festigkeitsverbände wurden, entsprechend dem größeren Fluggewicht und den höheren Geschwindigkeiten, bei der dreimotorigen Ausführung entsprechend verstärkt, ebenso das Fahrwerk."

WICHTIGSTE NEUERUNG – DER DOPPELFLÜGEL

Die wichtigste Neuerung an dem Projekt waren die aerodynamischen Doppelflügel-Landeklappen und Querruder. Dadurch verbesserten sich Auftrieb und Lenkbarkeit des Flugzeuges ganz entscheidend. Aus den jahrelangen Erfahrungen in der Junkers-Ganzmetall-Tiefdeckerbauweise konnte zurückgegriffen werden und die bewährte Wellblechaußenhaut fand auch bei diesem neuen Flugzeug Verwendung. Diese typische Junkers-Beplankung gab dem an sich schon sehr stabilen und festen Zellengerippe eine noch größere Steifigkeit und verbesserte damit die Sicherheit. Zwar erhöhte sich dadurch der sogenannte Mehrwiderstand geringfügig, was sich aber bei einer durchschnittlichen Reisegeschwindigkeit von 200 km/h nicht gravierend auswirkte.

Um dem Flugzeug eine genügend große Kraftreserve zu geben, aber auch wirtschaftlich zu fliegen, erfolgte die Ausrüstung mit drei Propellermotoren, deren Anordnung so bemessen war, dass die Maschine bei voller Besetzung mit 15 Fluggästen, in Sonderfällen bis zu 28 Fluggästen, bei einem etwaigen Motorausfall noch fliegen konnte. Als dreimotoriges Pas-

Eine seltene Aufnahme von 1938 aus dem Junkers-Flugzeugbau-Zweigwerk in Bernburg. Abnahmeprüfung zwecks Überführung einer Junkers Ju 52 durch Mitarbeiter des Reichsluftfahrtministeriums an die Luftwaffe.
Foto: Sammlung des Autors

Montage der drei Sternmotoren vom Typ BMW Hornet in den entsprechenden Motorhalterungen der Ju 52.
Foto: Archiv Arbeitskreis Junkers-Werke und Fliegerhorst Bernburg

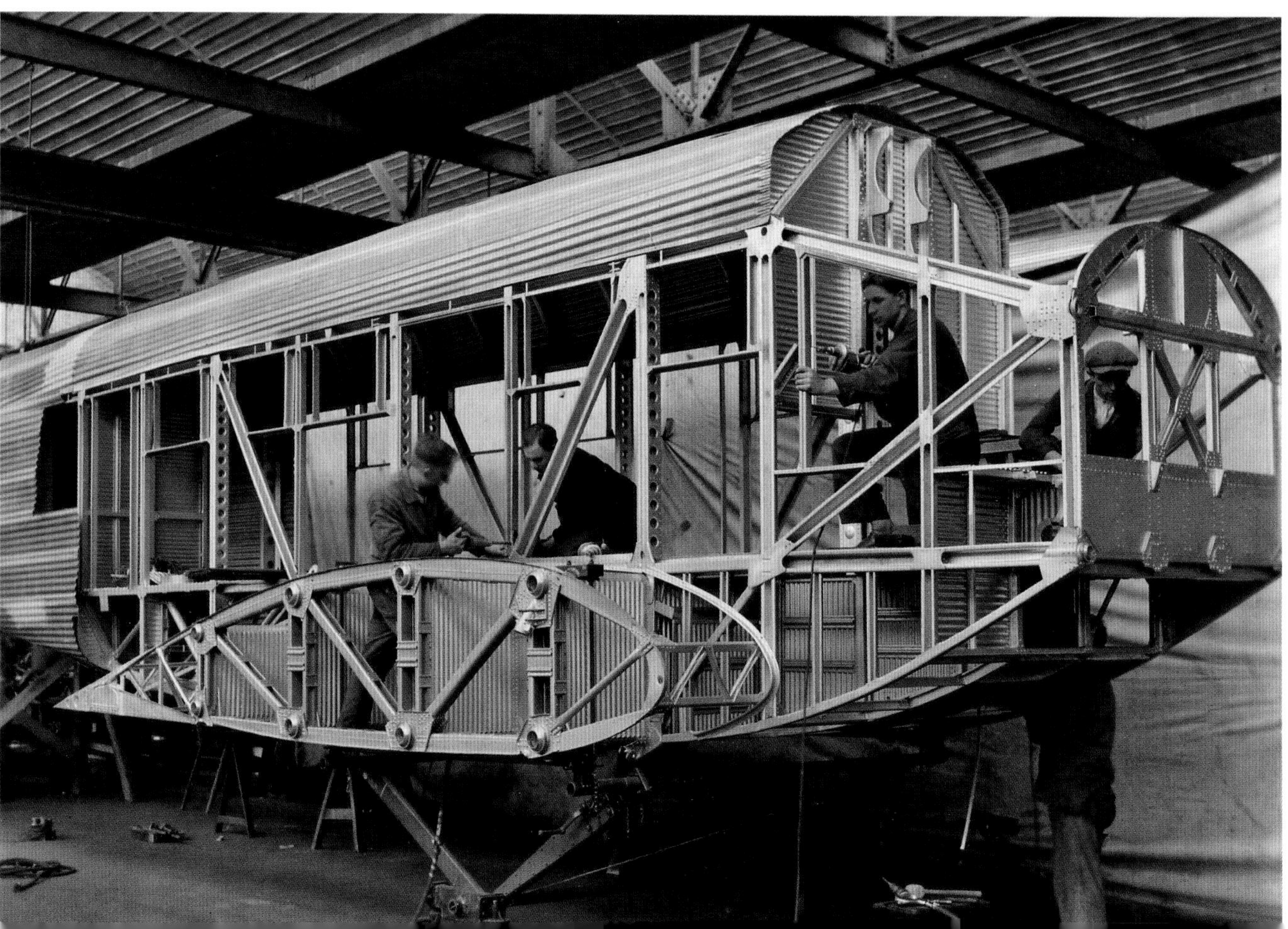

Die klare, solide und übersichtliche Konstruktion des Rumpfes der Ju 52 war das Erfolgsrezept dieser Maschine.
Foto: Sammlung des Autors

Links: Eine aerodynamisch gute Verkleidung umschloss Motor und Kühler.

Rechts: Eine Außentür führt direkt in das Cockpit.
Alle Fotos der Seite: Sammlung des Autors

Ernst Zindel, links im Bild, im Gespräch mit dem Aufsichtsratsvorsitzenden des JFM-Konzerns Heinrich Koppenberg.

sagier-/Transportflugzeug Junkers hob die Ju 52/3m am 7. März 1932 auf dem Dessauer Werkflugplatz zu ihrem Erstflug ab. Die neu entwickelte Doppelflügelbauart hatte einen großen Vorteil. Um das Flugzeug starten zu können, benötigte man nur eine kurze Startbahn und bereits bei niedriger Geschwindigkeit konnte sich das Flugzeug trotz größerer Abmaße problemlos in die Luft erheben. Ebenso günstig wirkte sich die ausgefeilte Konstruktion auf den Landevorgang aus. Minimale Start- und Landegeschwindigkeiten zeichneten also die Ju 52/3m aus. Durch die günstige Flächen- und Leitwerksausbildung erhielt die Maschine ihre anerkannt guten Flugeigenschaften. Sie ließ sich leicht fliegen, hatte beste Fluglage und Stabilität um alle Achsen und neigte selbst im überzogenen Flugzustand nicht zum Abkippen. In Summe aller positiven Eigenschaften wurde sie auch erfolgreich in den Blindflug- und Nachtflugdienst gestellt.

TECHNIK UND KOMFORT

Regelmäßig wurden Führerraum (Cockpit) und Fluggastraum dem neuesten Stand der Technik angepasst. Neben der guten Sicht, die das geräumige Cockpit rundum bot, wurde es ständig mit den modernsten Instrumenten für Flugüberwachung und Navigation aus- und nachgerüstet. Um den Fluggästen die Luftreise recht angenehm zu gestalten, erhielt der Fluggastraum eine moderne komfortable Ausstattung. Er war für seine Zeit bestens schallisoliert worden. Mit einer gut regelbaren, geruchlosen Heizung sowie mit Allgemein-und Einzelbelüftung versehen, erfüllte er die Erwartungen der Passagiere. Die Einrichtung in der Standardausführung bestand aus bequemen, weich gepolsterten Kippsesseln, einer Sitzbank und einem Notsitz aus Duralumin-Rohr. Kabineninstrumente im Fluggastraum waren ein Höhenmesser, ein Thermometer und eine Borduhr. Ferner waren Anschlüsse für eine zusätzliche Sauerstoffversorgung vorhanden. Damit erfüllte man auch die Auflagen für die Sicherheit der Fluggäste und des Personals.

Auch für die Unterbringung des Gepäcks der Reisenden wurde gesorgt, stand doch dafür, Post- und Frachtgut eingerechnet, ein Laderaum von insgesamt acht Quadratmetern zur Verfügung.

Rechts: Bereits die Ju 52/1m besaß eine Doppelsteuerung mit einer zentral angeordneten Steuersäule.

Ganz rechts: Im Flügelsegment befand sich die Anlenkung (Befestigung) für das Ölfederbein des Fahrgestells.

Der Motor ist das „Herz" des Flugzeugs und muss bei Wartungsarbeiten schnell zu erreichen sein. Hier die Motoranordnung an der Junkers Ju 52/1m mit BMW VIIaU (600/685 PS).
Alle Fotos dieser Seite: Sammlung des Autors

EINE TECHNOLOGIE IM MONTAGE-TAKTVERFAHREN

Für die Montagepläne war das Flugzeug in einzelne Baugruppen gegliedert, konstruktiv, technologisch und logistisch aufeinander abgestimmt. Die Voraussetzungen für eine ökonomische Großserienfertigung wurden geschaffen. Einzelteile und Baugruppen konnten im Taktverfahren in Fließreihen oder Nestfertigung bearbeitet und vormontiert werden, bis sie auf einer Taktstraße, zeitlich abgestimmt, in die Endmontage gelangten. Die Technologen in den Junkerswerken entwickelten hierzu praktische Montagevorrichtungen und Werkzeuge, die die Arbeit effektiv machten und Fehlzeiten oder gar Stillstand im technologischen Prozess am Montageband einschränken sollten.

Diese Methode der bis in alle Einzelheiten vorgeplanten Bauteil- und Teilgruppenfertigung ermöglichte die Einführung des Montage-Taktverfahrens im deutschen Flugzeugbau. Eine Produktionsform, die es bis dahin nur in den USA im Ford-Automobilbau gab. Im Industriezweig Luftfahrt war es vor dem noch nicht erprobt worden. So blieb es den Führungskräften um Claus Junkers, zweiter Sohn des Hugo Junkers, dem Oberingenieur Richard Thiedemann und dem Betriebsingenieur Friedrich Kuhnen vorbehalten, das Montage-Taktverfahren im Flugzeugbau 1932 einzuführen. Es wurde zum Leitbild für die gesamte Großserienfertigung in der deutschen Luftfahrtindustrie bis 1945. Eine Fertigungsform, die sich aufgrund ihrer Wirtschaftlichkeit schnell international durchsetzte. Gegenüber ehemaligen Junkers-Mitarbeitern äußerte sich 1979 Ernst Zindel dazu: „Bei einem Besuch der Lockheed-Werke sahen wir 1957 das gleiche Taktverfahren."

Um die Produktivität weiter zu steigern, wurden die Dessauer Flugzeugwerke umstrukturiert. Unwirtschaftlich arbeitende Fertigungsbereiche wurden ausgegliedert, die Fertigung bestimmter Bauteile in Kooperation gegeben. Gleichzeitig reagierte das Unternehmen auch auf die gewachsene technische Komplexität im Flugzeug. Nicht nur die Bauteile hatten im räumlichen Umfang und in den Stückzahlen zugenommen, es erhöhte sich auch die technische

Ausrüstung als Folge des gestiegenen Sicherheitsstandards und des Komforts. Baute die JFA 1930 insgesamt noch acht verschiedene Flugzeugtypen, so spezialisierte sie sich im Fertigungsprogramm bis Mitte 1932 im Wesentlichen auf drei Typen: das Fracht-/Passagierflugzeug W 33/W 34, die Ju 52/3m und die K 47. Dadurch konnten die vorhandenen Produktionskapazitäten effektiver genutzt werden. Hinzu kam eine verbesserte Organisation der Materialbeschaffung und des Materialflusses, was sich auch im Preis niederschlug. Während für ein Flugzeug vom Typ Junkers F 13 1930 noch rund 60.000 RM bezahlt werden mussten, kostete die Maschine 1932 nur noch 16.000 RM. Das „Junkers-Flugzeug für Jedermann", die Junkers-Junior A 50, erreichte 1932 mit rund 6.000 RM den Preis eines Automobils der oberen Mittelklasse. Ein Mercedes-Benz 260 etwa kostete zur gleichen Zeit 7. 755 RM.

Hoffte Professor Hugo Junkers an der Schwelle des Jahres 1932/33 nun endlich nach Ende der Inflation erstmals im Flugzeugwerk schwarze Zahlen schreiben zu können, spätestens nach der Machtergreifung der Nationalsozialisten am 30. Januar 1933 wurde diese Hoffnung zunichte gemacht. Die neue Regierungselite verfolgte andere Ziele. Trotz des „1000-Flugzeuge-Programms", von dem sich auch Junkers einen riesigen Absatzmarkt für die Ju 52 erhoffte, sollte seine Rechnung nicht aufgehen.

ENTEIGNUNG PROF. JUNKERS DURCH DIE NATIONALSOZIALISTEN

Die Nationalsozialisten wollten die Dessauer Junkerswerke zu einem Rüstungszentrum entwickeln. Der liberale Professor Hugo Junkers stand diesem Ziele im Wege. Mit Verleumdungen und später auch Repressalien versuchte man, Hugo Junkers aus seinen Werken zu verdrängen. Ein Dossier an das in Berlin neu entstandene Reichsluftfahrtministerium (RLM) warf Junkers „landesverräterische Tätigkeit" vor. So hieß es wörtlich: „Junkers ist Pazifist. Er ist Demokrat. Er hat stets zu den Marxisten gehalten. Er hat fortgesetzt Ausländern vertraut, ihnen Geheimnisse seiner Werke preisgegeben. Er hat die Leitung seiner Werke verdächtigen und politisch belasteten Personen über-

Die Lufthansa-Maschine Ju 52/3m „Emil Schaefer", ab 1935 Kennung D-AJYR, beim Überflug des Unterluchs an der Muldemündung in die Elbe bei Dessau-Roßlau in einer dreimotorigen Ausführung vom Typ Jumo-205C Schwerölmotor (Diesel) mit je 550 PS.
Foto: Sammlung des Autors

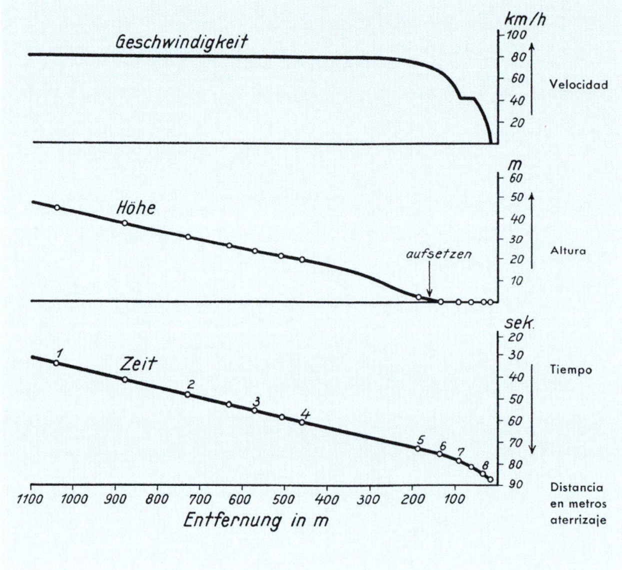

Die Flügelwurzel besteht aus einer genieteten Duralumin-Holmen- und -Spanten-Fachwerkkonstruktion.

Auch das schwenkbare Spornrad hat einen Luft-Öl-Stoßdämpfer.

Das geteilte Fahrwerk ist mit Luftdruckbremsen ausgerüstet.

Von der Seite ist die aerodynamische Anordnung des Doppelflügels gut ersichtlich. Wie aus dem Diagramm zu ersehen, besitzt die Ju 52 aufgrund ihrer Doppelflügel optimale Flugeigenschaften, die auch eine kurze und sichere Landung bei niedriger Geschwindigkeit ermöglichen.
Alle Fotos und Dokumente dieser Seite: Sammlung des Autors

lassen.“ So bot die NS-Verordnung zum Schutz von Volk und Staat die Möglichkeit, „die nationale und wirtschaftliche Zuverlässigkeit der führenden Männer der Firmen nachzuprüfen, die Träger des Aufbauprogramms werden“ sollten. Nach einem geschickt inszenierten Plan erfolgte im Laufe des Jahres 1933 die schrittweise Enteignung von Hugo Junkers.

„Unter dem Zwang der Umstände“ unterschrieb Junkers am 2. Juni den Übertragungsvertrag mit dem Reichsluftfahrtministerium in Berlin. Insgesamt handelte es sich um 106 Patentschriften der Fachgebiete Luftfahrt und Motorenbau.

Familienangehörige und enge Mitarbeiter von Professor Junkers waren zeitweilig in „Schutzhaft“ genommen worden, um ihn gefügiger zu machen.

Am 15. Oktober wurde Hugo Junkers von den Nationalsozialisten als politisch unzuverlässig für die Einbeziehung seiner Flugzeug- und Motoren-Werke in die geplante Aufrüstung angesehen und unter Androhung eines Landesverratsprozesses zum Ausscheiden aus seinen Betrieben gezwungen.

Das Reichsluftfahrtministerium vereinnahmte, ohne Gegenwert zu leisten, 51 Prozent der persönlichen Junkers-Aktien.

Professor Junkers durfte die Stätten seines Wirkens, die Stadt Dessau und seine zahlreichen Werke, nicht mehr betreten. Gleichzeitig war ihm jeglicher Kontakt zu außenstehenden Personen, auch zu einem Teil seiner Familienangehörigen, untersagt. Als Aufenthaltsort waren für ihn Bayrischzell und München festgelegt worden. Dort stand er unter ständiger Polizeiaufsicht.

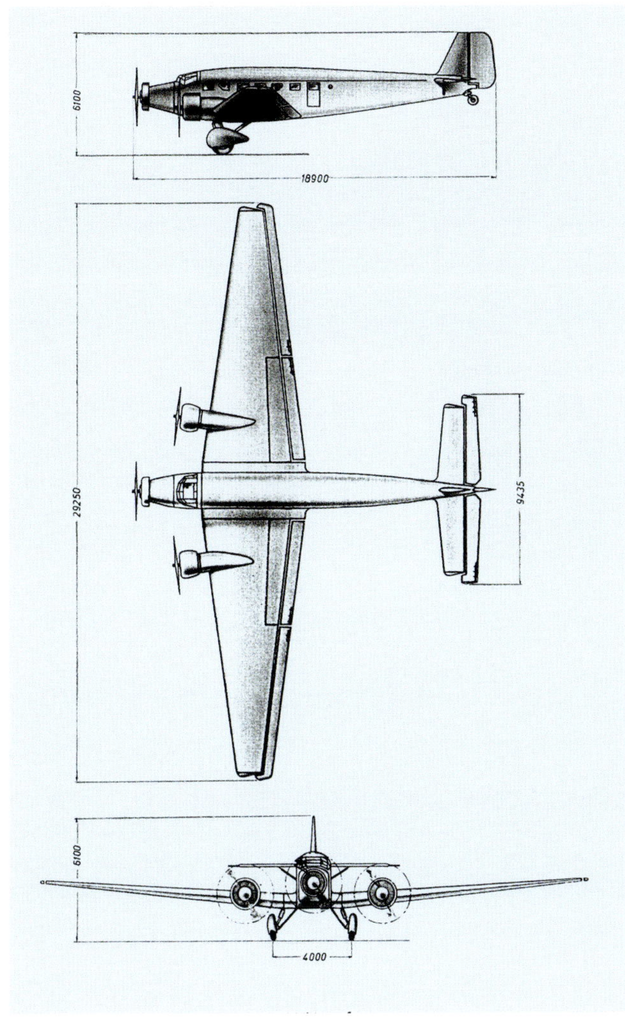

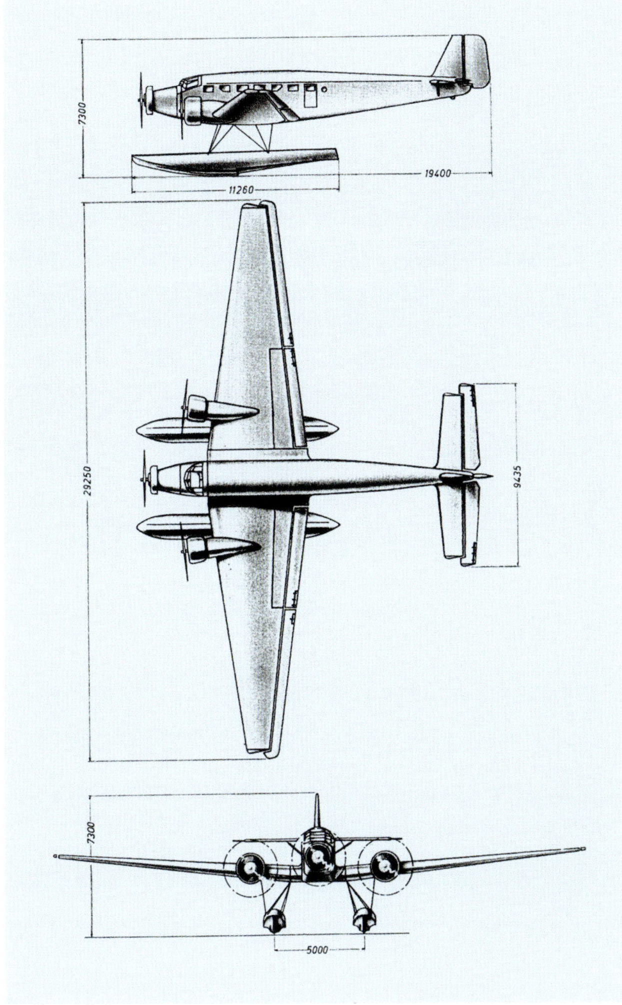

Originaltypenblätter der Junkers Ju 52/3m, beide 1932 (links Ju 52 Land, rechts Ju 52 Wasser).
Dokumente: Sammlung des Autors

Auf Veranlassung des Reichsluftfahrtministeriums legte Junkers mit Wirkung vom 24. November seine Funktion im Aufsichtsrat der IFA und Jumo nieder. Diese Ämter übernahm am 6. Dezember 1933 Heinrich Koppenberg, ehemaliger Direktor des Flick-Konzerns, der bereits unmittelbar nach der Machtergreifung der Nationalsozialisten zum Aufsichtsratsvorsitzenden der Mitteldeutschen Stahlwerke AG avancierte.

In Junkers Flugzeug- und Motorenwerken (JFM) begann im Rahmen eines „Programms für Arbeitsbeschaffung“ im Auftrag von Hermann Göring als Reichsminister für Luftfahrt der Großserienbau von Junkers Ju 52/3m, W 33 und W 34 für militärische Zwecke. Gleichzeitig erfolgte der systematische und groß angelegte Ausbau der JFM-Werke zu einem der größten und modernsten Rüstungsbetriebe der Welt.

Das nun zu einem Staatskonzern gehörende Dessauer Flugzeugwerk lieferte mit seinen Zulieferbetrieben die geforderte Zahl von 400 Ju-52-Maschinen pro Jahr in Form einer „fließenden Fertigung“. Erst ab diesem Zeitpunkt wurde das ursprünglich entwickelte und begonnene Fertigungsprogramm für kombinierte Passagier-Transport-Flugzeuge zum Hilfsbomber-Programm erweitert. Ein Fakt, der in zahlreichen Veröffentlichungen über die Ju 52 historisch nicht klar abgegrenzt wurde und damit zu falschen Schlüssen in Bezug auf die Person Prof. Hugo Junkers und seines wissenschaftlich-technischen Gesamtwerkes führte und letztendlich der Legendenbildung über die Bestimmung der Ju 52 Raum gab.

Um es klarzustellen: Die Entwicklung der Junkers Ju 52 begann 1929/30 nach marktspezifischen Gesichtspunkten. In Umsetzung dieser Aufgabe entwickelten Ingenieure und Techniker um den Chefkonstrukteur Ernst Zindel bis zur Serienreife die Ju 52/3m, ein Flugzeug mit ausschließlich zivilem Einsatzzweck. Abweichend von der Funktion als Verkehrsflugzeug für Luftfahrtlinien konnte die Ju 52/3m auch in unterschiedlichen Ausführungen bestellt und geliefert

Mehrere Luken und Türen auf der linken Seite des Flugzeuges sowie eine Dachklappe führen in den Hauptladeraum der Ju 52/1m.
Foto: Sammlung des Autors

Cockpit einer Junkers Ju 52/3m des Baujahres 1932. Man beachte die noch einfache Instrumentierung.
Foto: Sammlung des Autors

Blick in den großen und optimal gestalteten Hauptladeraum der einmotorigen Junkers Ju 52.
Foto: Sammlung des Autors

werden. Varianten sind beispielsweise das Luxus-Reiseflugzeug, das kombinierte Verkehrs-Frachtflugzeug, das reine Frachtflugzeug, das Sanitäts-, Foto- oder Hörsaalflugzeug für Navigations- und Blindflugschulung oder auch der fliegende Prüfstand für Forschungszwecke.

Erst nach der bewussten Ausschaltung des Prof. Hugo Junkers in der Nacht vom 17. zum 18. Oktober 1933 verfolgte die Unternehmensführung des neuen nationalsozialistischen Staatskonzerns das sofortige Ziel, die Junkers-Flugzeugwerke in Richtung Rüstungszentrum auszubauen. Perfide war, dass dennoch diese Werke unter Beibehaltung des guten Namens „Junkers" weiter operierten. In der Folge wurde auch die Ju 52 in militärische Konzeptionen einbezogen, sodass sie letztendlich als Hilfsbomber, Truppentransporter, fliegendes Lazarett und im administrativen Dienst für den Luftwaffeneinsatz im Zweiten Weltkrieg zum Einsatz kam.

Diese Doppelfunktion ließ die Ju 52 zwiespältig erscheinen. Noch im neuen Jahrtausend, bei der begonnenen Weltumrundung einer Ju 52 mit dem Kennzeichen der neutralen Schweiz, gab es bei dem geplanten Überfliegen eines Landes emotionsgeladene Proteste und Vorbehalte dortiger Politiker, sodass der international stark beachtete Flug abgebrochen werden musste.

Die D-2133, Werk-Nr. 4002, bei ihrer Seeprüfung in Travemünde im August 1931. Interessant sind die speziell für die Ju 52 entwickelten stromlinienförmigen Schwimmer, die auch einen Start bei unruhiger See ermöglichten.
Foto: Lufthansa

Laufende Nummer des Fluges	Laufende Nummer des Startbuches 25964	Führer	Fluggäste oder Art und Gewicht der Zuladung	Flugzeug: Zweck des Fluges	Ziel und Flugweg	Abflug: Ort	Abflug: Tag	Abflug: Tageszeit	D ……… Landung: Ort	Landung: Tag	Landung: Tageszeit	Flugdauer	Gesamt-Flugzeit 3680	Besondere Wahrnehmungen am Flugzeug Wichtige technische Angaben Allgemeine Bemerkungen
1	2	3	4	5	6	7	8	9	10	11	12	13	14	15
171	58	[illegible]	+2	Abnahmeflg.		Bernburg	28.9.	16.21	Bernburg	28.9.	16.44	16	3696	Ju 52 6610 HB-HOP, ex A-703
2	48	″	+2	″		″	″	15.55	″	″	16.08	11	3709	″ 6701
3	73	″	+2	″		″	″	15.07	″	″	15.27	20	29	″ 6703
4	73	″	+2	″		″	″	14.17	″	″	14.37	20	49	″ 6792
[illegible]	[illegible]	″	[illegible]	″		″	[illegible]	[illegible]	″	[illegible]	[illegible]	[illegible]	[illegible]	[illegible]
[illegible]	[illegible]		[illegible]					[illegible]			16.23	15	[illegible]	[illegible]
1	62	″	+2	″		″	4.9.	15.23	″	4.9.	15.40	17	2412	Ju-52 6660
2	70	″	+2	″		″	″	14.22	″	″	14.41	19	31	″ 6661
3	66	″	+2	″		″	5.9.	15.32	″	5.9.	15.57	18	49	″ 6580
4	77	″	+2	″		″	6.9.	11.48	″	6.9.	12.09	21	70	″ 6595 HB-HOT, ex A-702
5	75	″	+2	″		″	″	14.56	″	″	15.15	19	89	″ 6651
6	56	″	+2	″		″	7.9.	8.46	″	7.9.	9.04	18	2507	″ 6595
7	77	″	+2	″		″	″	13.51	″	″	14.04	13	17	″ 6641
8	73	″	+2	″		″	″	15.42	″	″	16.02	20	37	″ 6644
1	73	″	+2	″		″	8.9.	14.25	″	8.9.	14.45	20	57	″ 6662
	11082													

Flugbuch-Eintragung über die Abnahmeflüge der Ju-52-Maschinen für die Schweiz mit den Werk-Nr. 6595 und 6610 vom September 1939.
Dokument: Archiv Arbeitskreis Junkerswerke und Fliegerhorst Bernburg

DER GESTALTERISCHE ENTWICKLUNGSWEG DER TRAGFLÄCHENKONSTRUKTION:

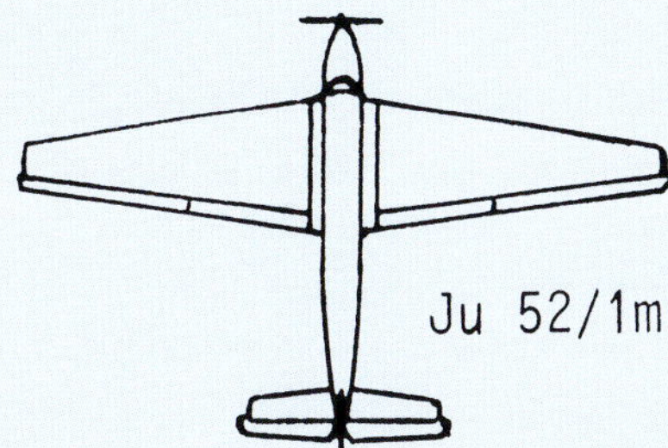

a.) Die aerodynamische Formgebung der Tragflächen mit dem Junkers-Doppelflügelprofil bei der Ju 52/1m ergab sich aus den Windkanalversuchen.

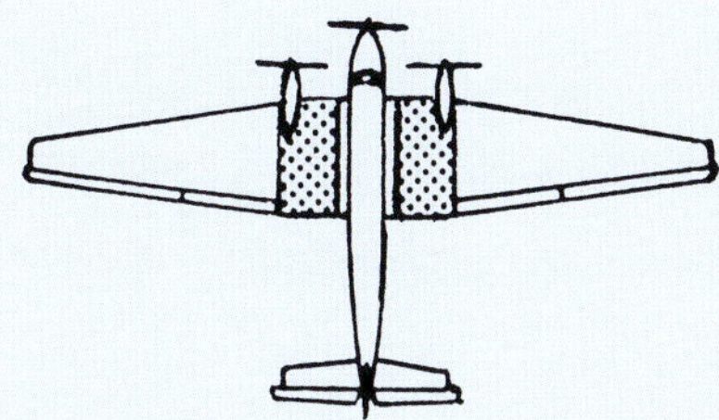

b.) Für die geplante dreimotorige Variante sollten die beiden Außentriebwerke an zwei Flügelzwischenstücke (gepunktete Fläche) montiert werden.

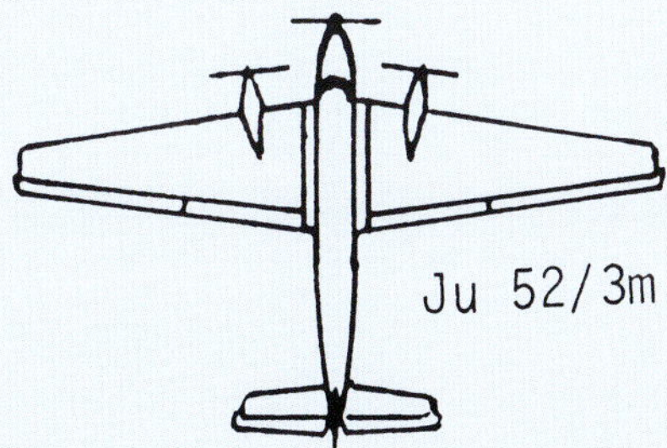

c.) Im praktischen Versuchsflug mit Motorattrappen stellte man fest, dass die Tragflächengröße auch ohne die Zwischenstücke ausreicht.

Dadurch war es ohne großen Kostenaufwand möglich, eine einmotorige Ju 52 zu einer Ju 52/3m umzurüsten.

Zeichnungen: Sammlung des Autors.

Im Frühjahr 1931 begann die Serienfertigung zur Ju 52/1m, daran schloss sich ab 1932 der Bau der Ju 52/3m an. *Foto: Sammlung des Autors*

Ab September 1937 lief im neu errichteten Junkers Flugzeugbau-Zweigwerk Bernburg, rund 40 Kilometer westlich von den Dessauer JFM-Stammwerken gelegen, die Endmontage zur Großserienfertigung der Ju 52/3m an.
Foto: Sammlung des Autors

Eine der ersten von der Luft Hansa in Dienst gestellten Ju 52 war die D-2527 „Richthofen", Werk-Nr. 4022, hier bei ihrer Landung auf dem Junkers-Flugplatz in Dessau, 1933.
Foto: Lufthansa

Im neuen Flugzeugbau-Zweigwerk Bernburg der Junkers Flugzeug- und -Motorenwerke AG verließ am 2. Oktober 1937 das erste Flugzeug die Montagehalle, eine Ju 52/3m.
Foto: Archiv Arbeitskreis Junkerswerke und Fliegerhorst Bernburg

Probelauf einer Junkers Ju 52/3m ohne die aerodynamischen Kühlerringe, die für diese Maschine ein charakteristisches Merkmal waren. So ist die sternförmige Anordnung der einzelnen Zylinder der Motoren gut zu erkennen, Aufnahme aus dem Jahr 1932.
Foto: Lufthansa

Die D-3049 „Heinrich Gontermann“, Werk-Nr. 4035, präsentiert sich 1934 im Outfit der Deutschen Lufthansa.
Foto: Lufthansa

Das Rumpfende der Ju 52 vermittelt einen interessanten Einblick in die Konstruktion des Flugzeuges. Dem statischen Kräfteverlauf folgend gliedert sich das Rumpfwerk in Form eines Fachwerks. Nur die Raumeinteilungsspanten sind verstrebt wie ein Fachwerk, alle übrigen Spanten sind offen. Die Seitengerüste sind diagonal verstrebt und gewährleisten einen optimalen Kräfteverlauf. Teilweise dünne Streben, sogenannte Pfetten, verstärken das Wellblech der Beplankung, die auch als Außenhaut bezeichnet wird. Das abgesteifte Wellblech dient somit auch der Übertragung von Kräften. Durch diesen verteilten und zugleich ineinandergreifenden Kräfteverlauf entsteht ein statisch stabiles System, das hohen bis extremen Belastungen standhält und zugleich eine optimale Raumauslastung gewährleistet. Diese typische Junkers-Bauweise bildete die Garantie für die existenziellen Faktoren der:

- Sicherheit,
- Solidität,
- Zuverlässigkeit und
- Wirtschaftlichkeit.

Foto: Sammlung des Autors

In den großen Werkstatthallen der Deutschen Versuchsanstalt für Luftfahrt e.V. Berlin-Adlershof wurden militärisch relevante Luftfahrtforschungen und Untersuchungen auch am jeweiligen Original-Flugobjekt durchgeführt. Im Vordergrund des Bildes wird eine Ju-52-Maschine der Luftwaffe als Versuchsträger für einen Spezialeinsatz vorbereitet.
Foto: DVL Berlin-Adlershof

Über die Janusköpfigkeit der Technik

Im Zuge der geheimen Luftrüstung untersuchte das Heereswaffenamt der Reichswehr Ende der 1920er-Jahre mehrere Flugzeugtypen, um ihre eventuelle Eignung als Waffenträger festzustellen. Auch bei den Militärs in anderen europäischen Ländern war in jener Zeit ein ähnlicher Trend zu verzeichnen. Man stellte die Forderung, technisches Know-how auch militärisch zu nutzen. Der schnelle Technologieschub in der metallverarbeitenden und -veredelnden Industrie, die stetige Weiterentwicklung der Motorentechnik und eine praxis- d. h. produktionsbezogene Umsetzung von naturwissenschaftlichen Forschungsergebnissen schufen die Grundlagen dieser Zielstellung. In der Entwicklung der Luftfahrtindustrie ist dieser Innovationsschub von Wissenschaft und Technik anschaulich belegt. Insbesondere bei den deutschen Luftfahrtunternehmen vollzog sich eine rasante Produktentwicklung, die von fertigungstechnischen Neuerungen jeglicher Art bestimmt waren. Mit seinen Forschungen und Neuentwicklungen setzte Prof. Hugo Junkers in der Luftfahrt im internationalen Maßstab richtungsweisende Akzente. Daher signalisierte Schweden, dessen Kriegsministerium damals mit der Reichswehr zusammenarbeitete, Kaufinteresse an der gerade in Serie gehenden Ju 52. Im Dezember 1932 erhielt die A. B. Flygindustri Limhamn in Schweden eine Junkers Ju 52/1m, Werk-Nr. 4001, mit der Kennung D-2317, Eigentum der Deutschen Verkehrsfliegerschule GmbH (DVS) in Berlin.

Als Torpedoflugzeug mit Schwimmer und einer Torpedoabwurfvorrichtung ausgestattet, flog diese Ju 52 mit der schwedischen Kennung SE-ADM, nun unter der Baureihe K 45 registriert, militärische Erprobungsflüge in einem Marinestützpunkt. Die angestrebten Ergebnisse waren nicht zufriedenstellend. So kam man zu der Beurteilung, die Ju-52-Variante K 45 sei für Angriffsflüge nicht geeignet. Bemängelt wurden die geringe Fluggeschwindigkeit, die begrenzte Bombenlast und die unzulängliche Bewaffnung. Die Vorzüge der Ju 52 wie gute Flugeigenschaften, große Sicherheit, hohe Zuverlässigkeit, geringer Wartungsaufwand und schnelle Verfügbarkeit waren für die Schweden nicht vorrangig von Interesse. Jedoch charakterisierten gerade diese Kriterien den Nutzungszweck des Flugzeuges, das ausschließlich für den zivilen Passagier- und Transport-Luftverkehr entwickelt worden war.

Dass die Ju 52 trotz dieser Einschätzung knapp zwei Jahre später nun doch als „Behelfsbomber" in das Fertigungsprogramm des neu entstandenen Reichsluftfahrtministeriums aufgenommen wurde, ist daher umso erstaunlicher und wird im Folgenden erläutert.

DIE JU 52 IM VISIER DER AUFRÜSTUNG

Mit der Ernennung Adolf Hitlers zum Reichskanzler am 30. Januar 1933 veränderten sich die politischen Verhältnisse in Deutschland. Dieser Tag markierte das Ende der Weimarer Republik. Die an die Macht gelangten Nationalsozialisten strebten eine totalitäre Diktatur an, in der die militärische Aufrüstung das Wirtschaftsgeschehen bestimmen sollte. Diese Situation beschrieb der Chefkonstrukteur der Ju 52/3m, Ernst Zindel, Jahrzehnte später mit den Worten: „Obwohl einige Jahre vorher eine Kommission des Heereswaffenamtes bei einem Informationsbesuch bei Junkers in Dessau ein vernichtendes Urteil über die Ju 52 gefällt und missbilligend festgestellt hatte, dass

Der Angriff und die Eroberung der griechischen Mittelmeerinsel Kreta vom 20. Mai bis 1. Juni 1941 während des Balkanfeldzuges erfolgten ausschließlich durch Fallschirm- und Gebirgsjäger, die mit Ju-52-Transport-Flugzeugen in das Kampfgebiet geflogen wurden. Auch der Fallschirmabwurf der Militärtechnik wie Pak-Geschütze und leichte Transport-Fahrzeuge erfolgte aus der Luft.
Das Farbfoto zeigt den Anflug einer Ju 52 auf die Steilküste von Kreta und stammt aus dem Buch „Fliegende Front" von W.E. Freiherr von Medem, Verlag die Wehrmacht 1942.
Foto: Picture Alliance

Meistgebaute Militärversion einer Ju 52 ist das Land- und Seetransportflugzeug Ju 52/3mg5e. Aufgrund der soliden und nahezu wartungsfreien Konstruktion war dieser Baureihentyp lange im Einsatz. So musterte die portugiesische Luftwaffe ihre Ju-52-Maschinen erst 1971 aus.
Foto: Sammlung des Autors

diese als Bomber völlig ungeeignet wäre, besann man sich im neu errichteten Luftfahrtministerium, dessen Chef der frühere technische Direktor der Deutschen Luft Hansa AG (DLH), Erhard Milch, geworden war – der übrigens auch aus der Junkers-Luftverkehrs AG hervorgegangen und bei der Fusion und Gründung der DLH zu dieser übergetreten war – auf die gute, im friedlichen Luftverkehr schon so bewährte Ju 52 und machte aus ihr, nolens volens, einen Behelfsbomber! Da man bei der deutschen Luftwaffe schnell mit dem Serienbau von Bombern beginnen wollte, aber sonst kein geeignetes Flugzeug hatte, wurde als Ausweglösung die sogenannte Senkrechtaufhängung und der Senkrechtabwurf der Bomben gewählt. Eine Lösung, die allerdings eine gewisse Beeinträchtigung der Zielgenauigkeit mit sich brachte. So wurden also vom Heereswaffenamt bzw. Reichsluftfahrtministerium (RLM) schnellstens Vertikal-Bombenschächte entwickelt und erprobt, welche entweder eine 250 kg-Bombe oder vier 50 kg-Bomben in Vertikalaufhängung aufnehmen konnten. Von diesen Vertikal-Bombenschächten passten gerade zwei Stück zwischen zwei Hauptträger der Ju 52 hintereinander, sodass die Bomben durch die Zwischenräume hindurch abgeworfen werden konnten. Maximal konnten zwischen den drei Hauptträgern acht Bombenschächte für acht Bomben zu 250 kg oder 32 Bomben zu 50 kg untergebracht werden.

Als Abwehrbewaffnung erhielt die Maschine einen MG-Stand auf der Rumpfoberseite und einen unteren MG-Stand in einem aus dem Rumpf ausfahrbaren Turm, der auch gleichzeitig als Beobachtungsstand

Eine Ju-52/3mg3e-Staffel der Luftwaffe in Parkposition, Fliegerhorst Bernburg.
Foto: Sammlung des Autors

für den Bombenschützen dienen sollte. Die Junkers-Flugzeugwerke erhielten nun 1934 vom RLM den Auftrag für den beschleunigten Bau einer größeren Serie solcher Bomber, und zwar in einer für damalige Begriffe völlig ungewöhnlichen Stückzahl von etwa 1.200 Maschinen, wobei die Zahl der monatlich auszubringenden Maschinen nach einer gewissen Anlaufzeit in der Größenordnung von 60 lag.

In der deutschen Luftfahrtindustrie fertigte man ab 1935 eine neu entwickelte Bombergeneration. Leistungsstärkere Maschinen wie die JFM Ju 86, die Heinkel He 111 und andere Bombenflugzeuge ersetzten den „Behelfsbomber Ju 52". Die Großfabrikation der Ju 52/3m wurde jedoch nicht eingestellt. Im Gegenteil, gerade die 1936 im JFM-Endmontagewerk Bernburg angelaufene Ju-52-Produktion lief auf vollen Touren. Aber auch bei den Lizenznehmern wie ATG in Leipzig, Blohm & Voss in Hamburg oder dem Weser Flugzeugbau rollten die Ju 52/3m weiter aus den Montagehallen. Neben einer Reihe von Zivilvarianten für die Lufthansa und andere Fluggesellschaften in Europa und Übersee stand nun die Baureihenfertigung als Truppentransporter auf dem Programm. Als Standardflugzeug für die rückwärtigen Dienste der verschiedenen Wehrmachtsverbände, für den Einsatz von Luftlandetruppen und Fallschirmjägern, als Sanitäts- und Versorgungsflugzeug, aber auch als Schleppmaschine für Lastensegler und andere Sonderaufgaben war die Ju 52 nun vorgesehen. Je nach Einsatz und Aufgabengebiet erhielt sie ihre Ausrüstung. Die JFM Ju 52/3m bildete die Transportbasis der Luftwaffe für die deutsche Wehrmacht. Sie spielte in der Logistik der offensiven Kriegsstrategie gerade in der Blitzkriegsphase eine wichtige Rolle. Im weiteren Kriegsverlauf, besonders in dessen Endphase, gestalteten sich die Transportoperationen zu einer existenziellen Aufgabe. Ihr Einsatz konnte für die Besatzung und die mitfliegenden Soldaten eine Entscheidung über Leben oder Tod sein.

Der 28. Juni 1944 brachte die Einstellung der Produktion sämtlicher Kampf- und Transportflugzeuge. Das betraf auch den JFM-Transporter Ju 52/3m und sein Folgemuster, die Ju 352. Durch diese Verschiebung der Prioritätenliste im Luftwaffenprogramm zugunsten der Jagdflugzeugproduktion gewannen Kräfte in der Wehrmacht und Militärwirtschaft die Oberhand, die über diese Umstellung halfen, den Krieg zu verlängern. Bereits am 4. Juni 1944 forderte Albert Speer von Hitler, ihm die Luftrüstung zu unterstellen. Diese ab 1. August 1944 gewährte Befehlsgewalt ebnete Speer den direkten Weg zur Einflussnahme auf das Reichsluftfahrtministerium und die Luftfahrtindustrie.

Mit der Einstellung der JFM-Ju-52/3m-Baureihenfertigung ab Juli 1944 endete das Militärprogramm eines Flugzeugtyps, der bereits zu Beginn des Zweiten Weltkriegs aus militärtechnischer Sicht als völlig veraltet galt.

Oben rechts: Auf dem Cockpit der Transport-Ju 52/3mg9e befand sich die sogenannte Condorhaube, eine überdachte Drehkranzlafette mit einem MG-Stand.
Foto: Sammlung des Autors

Oben links: Unmittelbar neben der Steuersäule des Flugkapitäns befanden sich die Anzeige- und Bediengeräte für die SAM-Kurssteuerung K 4ü.
Foto: Sammlung des Autors

Bordinstrumente im Cockpit eines Ju-52-Transporters.
Foto: Sammlung des Autors

Vom operativen Einsatz her gehörte die JFM Ju 52/3m, abgesehen von der wenig effektiven Bomberversion, eindeutig zur defensiven Militärtechnik. Die Vorteile ihrer soliden und robusten Konstruktion, ihre hohe Flugsicherheit und die hervorragenden Flugeigenschaften sowie der niedrige Wartungsaufwand und vor allem ihre hohe Transportkapazität gaben für das Reichsluftfahrtministerium den entscheidenden Ausschlag bei der Auswahl als Transportflugzeug. Auch Militärs anderer Länder wussten die guten Eigenschaften der Ju 52 zu schätzen. So flogen Ju-52-Transporter sogar bis Ende der 1960er-Jahre für die spanische, portugiesische und französische Armee. Unter französischer Kennung beteiligte sich während der Berlin-Blockade zwischen 1948/49 auch eine Ju 52/3m am Luftbrückenflug. Im Indochinakrieg von 1946 bis 1954 und im Algerienkonflikt ab dem Jahr 1955 kamen Ju-52-Transportmaschinen durch französische Legionärstruppen zum Einsatz. Als sogenanntes Beutegut-Flugzeug kam die Ju 52 in England, Frankreich, den USA, aber vor allem in größeren Stückzahlen in der Sowjetunion bis weit in die 1950er-Jahre zum Einsatz.

Verschiedene Fluggesellschaften nutzten erbeutete Ju-52-Maschinen oder erwarben Nachkriegs-Lizenzbauten, die bis in die 1960er-Jahre im Einsatz waren. Die Schweizer Flugwaffe musterte ihre im September 1939 in Dienst gestellten Ju-52-Maschinen erst im Herbst 1981 aus, die seitdem unter dem Namen Ju-Air fliegen.

Die Zahl der weltweit noch vorhandenen und in verschiedenen Museen, luftfahrttechnischen Sammlungen oder auf Flughäfen ausgestellten Ju 52/3m ist groß. Auch von den in Lizenz gebauten Maschinen gibt es noch etliche. Und das Interessante daran ist, dass jede Maschine ihre GANZ eigene persönliche Geschichte besitzt, die es wert ist, festgehalten zu werden. Nach Aussagen von Ernst Zindel sollen von den rund 5.400 gebauten Ju-52/3m-Maschinen etwa 3.800 Flugzeuge für die Luftwaffe geflogen sein. Über die genannten Zahlen gibt es je nach Quellenlage jedoch unterschiedliche Aussagen.

Motorenwechsel an Ju-52-Transportmaschinen auf einem Feldflughafen in Sizilien.
Foto: Sammlung des Autors

Die funktechnische Anlage (FT) einer Ju 52, hier für das Land-See-Transportflugzeug Ju 52/3mg5e, besaß ausgezeichnete Blindflugeigenschaften. Details der FT-Anlage: Zielflug-Peilempfänger EZ 2, oben links; Fernbediengerät und Funkpeil-Anzeigegerät mit Funkpeil-Tochterkompass. Mitte; Blindlande-Empfänger E Bl 1 und 2 mit Umformer U 8, unter dem Tisch. Über der Tür befinden sich: die Borduhr, der Umformer-Anlasser und die Antennen-Anpassung. Auf der rechten Seite ist von oben nach unten zu sehen: das Antennenzusatz-Gerät, der Sender S 4o, darunter der Empfänger E 4o, ein Testgerät, eine Handlampe mit Kabelverlängerung und mehrere Batteriekästen.
Foto: Sammlung des Autors

Seitenrisse bzw. Draufsicht verschiedener Ju-52-Militärversionen im Vergleich.
Sammlung des Autors

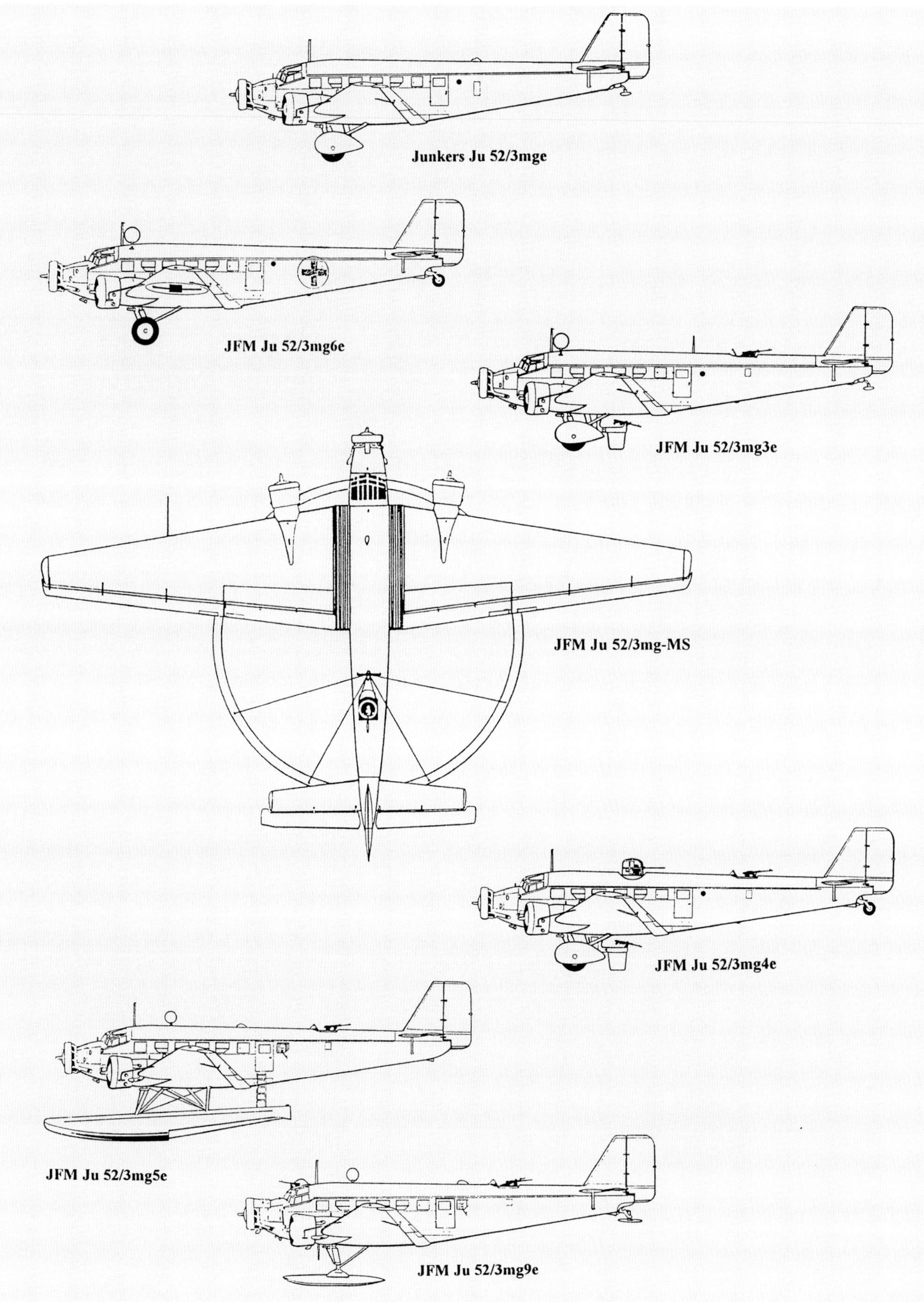

Ein Ju-52-Transporter beim Absetzen von Fallschirmjägern und Gerätschaft über einem militärischen Einsatzgebiet, während der MG-Schütze in seinem Drehkranz D 30-Gefechtsstand auf der Rumpfdecke der Maschine das Gelände absichert.
Foto: picture-alliance/dpa

Die Ju 52 im Militäreinsatz

Nachdem die nationalsozialistische Regierung durch ihr Reichsluftfahrtministerium (RLM) im Oktober 1933 die Junkers Flugzeugwerke und Junkers Motorenwerke an sich riss und zu einem Staatskonzern umwandelte, konnte der NS-Plan einer gezielten Aufrüstung begonnen werden. Zuvor wurde durch perfide Maßnahmen, u. a. Androhung eines Landesverratsprozesses, der Eigentümer Hugo Junkers aus seinen Dessauer Flugzeug- und Motorenwerken gedrängt, was einer Zwangsenteignung gleich kam. Das vorhandene wissenschaftlich-technische Know-how in den Junkerswerken war die Basis für den Aufbau der neuen Luftwaffe, ein Ziel, dem sich Hugo Junkers stets verweigert hatte.

Aus dem innovativen und international geachteten Dessauer Luftfahrtforschungszentrum entstand ein Staatskonzern und Rüstungszentrum. Und welch ein Zynismus, der in der Welt geschätzte Name „Junkers" wurde beibehalten und seine Forschungen militärisch genutzt. So geriet auch das Verkehrsflugzeug vom Typ Ju 52/3m in den Fokus des Militärs. Es gibt wohl keinen erreichbaren Ort in Europa und Afrika, an dem die Ju 52/3m im Zweiten Weltkrieg nicht präsent war. Die Maschine absolvierte jeden noch so schwierigen Einsatz, sei es als Transportflugzeug für Materialien, für Fallschirmjäger und Luftlandetruppen, als Schleppflugzeug für Lastensegler, Sanitätsflugzeug oder fliegendes Lazarett, Aufklärer und Beobachter, Kurier- und Stabsmaschine für Verbindungsflüge, sogar als Minensuchflugzeug oder fliegender Befehlsstand. Universell einsetzbar für die Zwecke des Militärs, obwohl Hugo Junkers mit seinem Konstrukteur Ernst Zindel die Ju 52 als Verkehrsflugzeug mit humanitären Absichten entwickelte. Der Name blieb, und so stand dieses Flugzeug mit der einprägsamen Typenbezeichnung Ju 52 und ihrem nun auch militärischen Einsatz als Synonym für die immer wieder fatale Janusköpfigkeit von Erfindungen und ihre technischen Anwendungen.

Ihren ersten militärischen Einsatz als umfunktioniertes Bombenflugzeug flog die Ju 52/3m bereits 1932. Die bolivianische Fluggesellschaft „Lloyd Aereo Boliviano" hatte zunächst zwei und danach fünf weitere Junkers Ju 52/3m in Dessau geordert und setzte diese im regelmäßigen Flugdienst ein. Die Flugplätze im Hochland des Andenstaates liegen bis zu 4.000 Meter über dem Meeresspiegel und verlangten den Piloten, aber im Besonderen den Motoren und den Maschinen, Höchstleistungen ab. Ihr Auslastungsgrad lag bei annähernd 100 Prozent. Man fasste schnell Vertrauen zur Ju 52 und schätzte die Qualität, Technik und Zuverlässigkeit des Flugzeuges.

Als es 1932 bis 1935 zwischen Bolivien und Paraguay um das Urwaldgebiet des Gran Chaco zu einem Krieg kam, benutzte Bolivien die Flugzeuge kurzerhand als Waffenträger für den Bombenabwurf und als Truppentransporter in den Kampfgebieten. Der Abwurf der Bomben und Brandsätze erfolgte aus der offenen Tür durch das mitfliegende Personal per Hand. Zielgenaue Bombentreffer wurden bei diesen Kämpfen zum Glück nur selten erreicht, denn dafür gab es keine Zielvorrichtungen. Doch die bolivianische Armee zeigte sich mit dieser Drohgebärde als Demonstration ihrer Stärke zufrieden.

Diese Militäreinsätze der Ju 52 erfolgten fernab von Europa, doch die Reichswehr und auch die Deutsche Luft Hansa, hier deren Technischer Direktor Erhard Milch, verfolgten aufmerksam solche Ju-52-Einsätze.

Tiefe winterliche Temperaturen hinterließen bei Mensch und Technik deutliche Spuren. Nur notdürftig geschützt steht 1943 in der weiten ukrainischen Landschaft der Ostfront auf einem Feldflugplatz bei Dnepropetrowsk ein Jagdflugzeug Messerschmitt Me 109F und im Hintergrund eine Ju-52-Transportmaschine.
Foto: picture-alliance / dpa

Unter der heißen Sonne Nordafrikas hält ein Bordschütze aus dem Ju-52-MG-15-Stand mit seinem Fotoapparat das soeben erlebte Kampfgeschehen im Bild fest.
Sammlung: Ian Spring

Nach Einschätzung der Reichswehr-Kommission, welche seit Ende der Zwanzigerjahre eine geheime Entwicklungs- und Stammliste für militärisch nutzbare Flugzeugmuster führte, war die Ju 52 jedoch als Bombenflugzeug völlig ungeeignet. Die Tragwerkkonstruktion des Hauptflügelträgers und das starre Rumpffahrwerk verhinderten die Außenaufhängung einer Bombenlast. Nur durch gesonderte Bombenschächte im Rumpf wäre ein Abwurf möglich. Die Umbaukosten für eine militärische Variante lagen zu hoch. Dafür eignete sich die Ju 52/3m jedoch als ein nahezu universell einsetzbares Transportflugzeug.

IM SPANISCHEN BÜRGERKRIEG

Zu einer Generalprobe der Waffentechnik im Vorfeld des Zweiten Weltkrieges sollte es im spanischen Bürgerkrieg zwischen 1936 und 1939 kommen. Als Reaktion auf die Bildung einer Volksfrontregierung am 16. Februar 1936 in Spanien putschte am 13. Juli im spanischen Nordafrika das Militär unter General Franco und begann eine Offensive gegen die Regierung in Madrid. Im Land selbst standen sich die Bürger in zwei sozial unterschiedlich positionierten Gruppierungen gegenüber. Sympathisanten beider Seiten unterstützten diesen Bürgerkrieg. Spenden und Hilfsgüter, freiwillige Kämpfer aus zahlreichen demokratischen Ländern und der Sowjetunion unterstützten die Volksfront gegen Franco. Franco dagegen erhielt Hilfe durch die Regierungen Italiens und Deutschlands. Während Italien 20.000 reguläre Truppen und 27.000 Freiwillige sowie Schiffe und Waffentechnik schickte, entsandten Hitler und Göring eine Spezialeinheit, die KG 88 „Legion Condor".

Gleichzeitig unterstützte die deutsche Wehrmacht den Aufbau der spanischen Luftwaffe durch die Ausbildung von Piloten und die Bereitstellung von Flugzeugen, darunter 64 Maschinen vom Typ Ju 52/3m der Baureihen g3a und g4a.

Von diesem Militärtransfer profitierte die Wehrmacht, besonders jedoch die Luftwaffe in Bezug auf Mannschaft und Waffentechnik. Dabei fiel der Ju 52/3m die Rolle zu, als Truppentransporter und für den Lastenflug zwischen Nordafrika und der Iberischen Halbinsel wirksam zu werden. Danach flog sie Soldaten, Munition und Waffen in die einzelnen Kampfgebiete, um die anfangs stark zergliederten und lokalen Frontabschnitte miteinander zu verbinden. Als operativ-taktischer Waffenträger erhielt 1937 die Ju 52 ihren unrühmlichen Auftrag, Bombeneinsätze, teilweise in Kombination mit dem Stuka Ju 87, auf Frontstellungen, Befehlsstände, Nachschubwege, aber auch auf zivile Ziele zu fliegen. Die Bombardierung der spanischen Hauptstadt Madrid und die Zerstörung der Städte Bizkaia, Durango und Guernica mit Ju-52-Maschinen gilt als das Menetekel dieses Flugzeuges und verdeutlicht die Janusköpfigkeit der Technik und ihres Missbrauchs.

Der Sieg Francos am 1. April 1939 beendete zwar den Bürgerkrieg, doch seine Grausamkeiten spalteten für Jahrzehnte die spanische Gesellschaft. Dass sich die drei Westmächte des Ersten Weltkrieges, sowohl diplomatisch als auch militärisch, aus dem Spanien-

Die Ju 52/3m als Militärtransporter und Hilfsbomber im Spanischen Bürgerkrieg ab 1936.
Foto: Sammlung des Autors

Eine Ju 52/3mg-MS mit Minensprengring, kurz „Mausi" genannt, im Einsatz über der Nordsee, 1942.
Foto: Sammlung des Autors

krieg heraushielten, gehörte mit zu den Erfahrungen, die Hitler, seine Partei und seinen Generalstab in der weiteren Aufrüstung des Deutschen Reiches und ihrer Hegemonie stärken sollten.

FLIEGENDER TRANSPORTER AN ALLEN FRONTEN

Im Gegensatz zu den Jagd- und Bombengeschwadern der deutschen Luftwaffe, deren Kampfeinsätze im Zweiten Weltkrieg in der Kriegsberichtserstattung und Propaganda im Film, in der Presse und im Rundfunk eine besondere Rolle spielten, berichteten die Medien relativ wenig bzw. zurückhaltend über die Aufgaben der fliegenden Transportverbände.

Erst durch die Besetzung Norwegens im April 1940, den Handstreich auf das belgische Fort Eben Emael am 10. Mai 1940, den Einsatz im Afrikafeldzug, die Luftlandeoperation auf der Insel Kreta im Mai 1941 und besonders die Luftbrücke ins eingeschlossene Stalingrad vom November 1942 bis Januar 1943 rückten diese Spezialverbände verstärkt in das Bild der Öffentlichkeit.

Rohrgerüst für den Schleppsporn 6000 für den Lastenflug an der Ju 52. Die Verbindungskupplung und die Stecker für Stromanschluss und Sprechverbindung zum Segelschleppflugzeug sind gut erkennbar. *Foto: Sammlung des Autors*

Eine Ju 52 wird von Schnee und Eis befreit und in Einsatzbereitschaft gebracht. Ostfront im Winter 1943.
Foto: Sammlung des Autors

Wache vor einer Ju 52 auf einem Feldflugplatz an der Westfront 1940. *Foto: Sammlung des Autors*

Bereits bei ihrem ersten Wintereinsatz 1932/33 bewährte sich die Ju 52 unter extremen Temperaturbedingungen im schwedischen Luftpostdienst.
Foto: Postmuseum Stockholm

Verwundetentransport mit einem Ju-52-Lazarett-Flugzeug auf einem Feldflugplatz in Rostow am Don, Ostfront im Februar 1944.
Foto: picture-alliance / dpa

Start eines Ju-52-Transporters an der Ostfront.
Foto: Richard Muck 1943, Bundesarchiv

Es gibt keinen Kriegsschauplatz in Europa und Afrika, auf dem die Ju 52/3m nicht flog. Sie absolvierte jeden Einsatz, der ihr zugemutet wurde. Sie startete und landete auf Flugplätzen, Wiesen, ebenen Feldflächen, planierten Geröllhalden und Schneeflächen, festem Wüstensand, Wasserflächen, Eisdecken von Seen und Flüssen. Sie absolvierte diese Flüge bei Tag und bei Nacht, zu jeder Jahreszeit und auch im Blindflug. Ausgerüstet nach Einsatzgebiet und Jahreszeit bestand ihr Fahrgestell aus Rädern, als Schwimmer oder Gleitkufen.

Nicht nur in der Militärlogistik der Luftwaffe, sondern in allen Waffengattungen der Wehrmacht spielte die Ju 52/3m eine existenzielle Rolle. Sie bildete das sprichwörtliche Rückgrat der administrativen Dienste, denn die Ju-52-Transportverbände flogen Ausrüstung, Kraftstoff, Munition, Verpflegung, Medikamente und andere dringend benötigte Gegenstände an jeden Frontabschnitt und in jedes Einsatzgebiet. Die fliegenden Transportverbände verhalfen der Wehrmacht zu jener strategischen Schnelligkeit, die taktische Kampfhandlungen nach einem effektiven Zeitplan ermöglichten. Dagegen entwickelten sich die Aufgaben der Transportverbände in der Endphase des Krieges zumeist zu dramatischen Rettungsaktionen.

Kreta und Stalingrad symbolisieren in aller Konsequenz die Gegensätzlichkeit der Einsatzziele der fliegenden Verbände. Die Luftlandeinvasion auf die von den Engländern besetzte Mittelmeerinsel Kreta war eine offensive Militäraktion der Wehrmacht mit dem Ziel, die wichtigste strategische Militärbasis der westlichen Alliierten im Mittelmeerraum auszuschalten. Am 20. Mai 1941 begann die Operation Merkur, eine Metapher in Anlehnung an den Götterboten aus der römischen Mythologie. Bei diesem Unternehmen setzte die Luftwaffe neben Bombenflugzeugen und Jagdstaffeln vorzugsweise 493 Transportflugzeuge des Typs Ju 52/3m und rund 80 Lastensegler ein. Zuvor wurde die „Festung Kreta", die mit englischen Truppenkontingenten aus Australien, Neuseeland und den afrikanischen Kolonien verstärkt worden war und in deren Schussfeld englische Kriegsschiffe kreuzten, mit angreifenden Bomberstaffeln belegt. Dadurch sollten die Küstenbatterien und die Schiffsgeschütze ausgeschaltet werden. Doch die nachrückenden Luftlandetruppen, bestehend aus Fallschirm- und Gebirgsjägern der Wehrmacht, stießen noch in der Luft auf einen erbitterten Widerstand. Die Luft- und Seeschlacht hielt bis zum 23. Mai in unverminderter Härte an, bis die englischen Armeekontingente ihren Widerstand aufgaben.

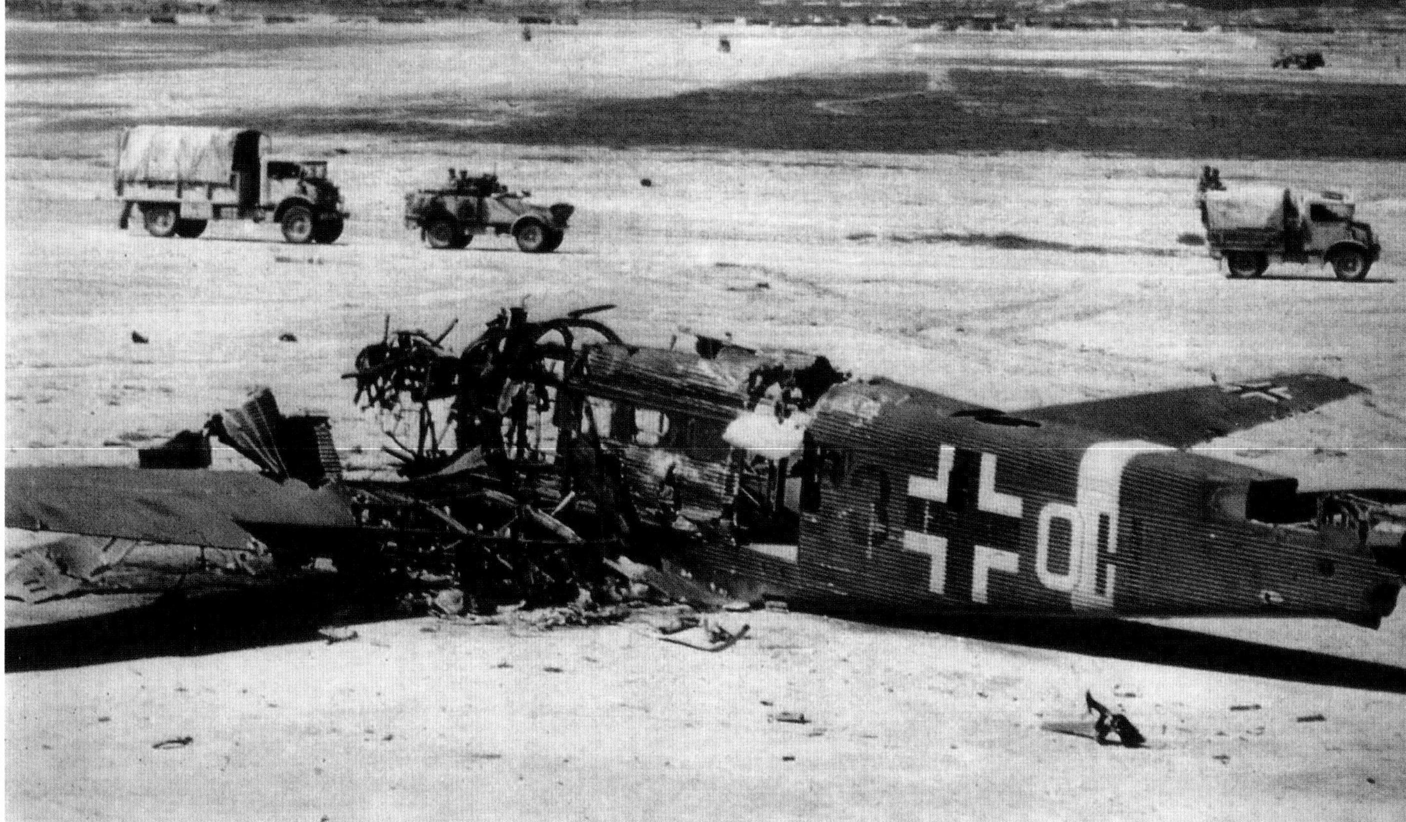

Zurückgelassen: Ein demontierter und ausgebrannter Ju-52-Tranporter in der heißen Wüste von Nordafrika.
Foto: Sammlung des Autors

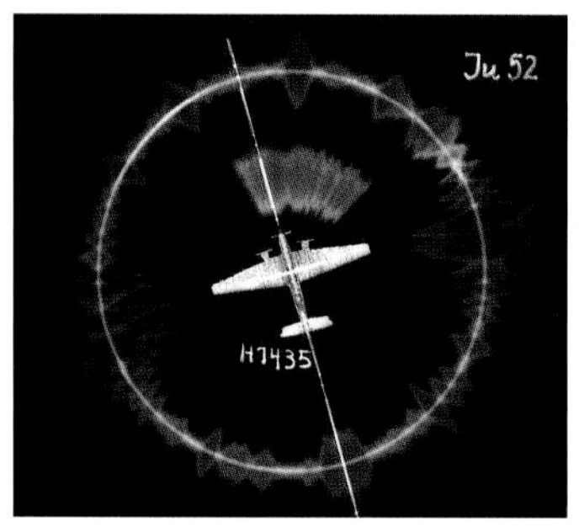

Radar-Schlieren-Foto während einer Untersuchung im Dessauer Windkanal über das Erkennungsverhalten der Junkers Ju 52/3m im Flug bei Radar-Erfassung.
Foto: Philipp von Doepp, JFM-Windkanal Dessau

Mit der Räumung der Insel durch die Briten ab 28. Mai 1941 und der Kapitulation endete die bis dahin größte Luftlandeoperation, die auf beiden Seiten einen bis dahin unvergleichlich hohen Blutzoll gefordert hatte. Die Luftwaffe meldete den totalen Verlust von 271 Transportflugzeugen des Typs Ju 52/3m. Im Rahmen der Kampfhandlungen fielen von den 13.000 abgesetzten Fallschirm- und 9.000 Gebirgsjägern 6.453 Soldaten. Von englischer Seite wurde eine ähnlich erschreckende Bilanz gezogen. Rund 17.000 Tote hatten die englischen Truppenverbände zu beklagen. Hinzu kam die Versenkung von zwei Kreuzern und vier Zerstörern. Ein Panzerkreuzer, vier weitere Zerstörer und eine Reihe von Transportschiffen waren schwer beschädigt, manövrierunfähig und ausgebrannt. Da die deutschen Marineverbände den Seeweg nach Kreta nicht rechtzeitig absichern konnten, flogen die Ju-52-Transportverbände noch längere Zeit täglich 200 bis 240 Versorgungseinsätze zur Insel und praktizierten so erstmals das Prinzip einer Luftbrücke. Fakten und Zahlen, welche die Grenzen, Sinnlosigkeit und das Zerstörungspotenzial eines Krieges vor Augen führen.

Neben den Einsätzen der Ju-52-Lufttransportverbände, die speziell im Mittelmeerraum zwischen den griechischen Inseln und der Luftbrücke zwischen Sizilien und Tunis in Nordafrika den Nachschubbedarf und Verbandsverlegungen flogen und auf den Rückflügen Verwundete transportierten, gab es auch in allen Wehrmachtsteilen Luftverbindungsgruppen. Deren Hauptaufgabe war die Koordinierung der Kurier- und Dienstflüge zwischen den einzelnen Frontabschnitten, Truppenteilen und höheren Stäben. Dementsprechend war ihre operative Sonderausstattung als „fliegender Befehlsstand“ mit zusätzlicher Funktechnik und einem speziellen Kartentisch.

Auch die fliegenden Lazarette, die nach den Genfer Konventionen von 1929 mit einem Rot-Kreuz-Zeichen versehen waren, besaßen zusätzlich medizinische Geräte, die den Ärzten auch dringende operative Eingriffe der Verwundeten ermöglichten. Solche Ju-52-Maschinen im Rot-Kreuz-Auftrag hatten keine Bordbewaffnung und sollten nicht in Kampfhandlungen einbezogen werden. Doch trotz der sichtbaren Rot-Kreuz-Kennung an den Flugzeugen kam es vielfach zu deren Beschuss. An das humanistische An-

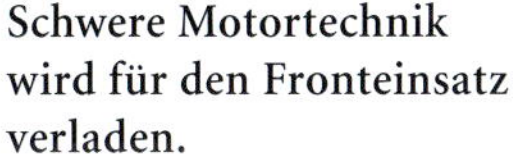

Schwere Motortechnik wird für den Fronteinsatz verladen.
Fotos: Sammlung des Autors

Absprung eines Fallschirmjägers mithilfe einer Reißleine, 1940.
Foto: Sammlung des Autors

Zielsicher bringen die Ju-52-Truppentransporter die Fallschirmjäger in ihr Einsatzgebiet, Kreta im Mai 1941.
Foto: Sammlung des Autors

Flugpersonal und medizinische Einsatzkräfte einer Ju-52-Lazarettstaffel bei der Transportvorbereitung.
Foto: Sammlung des Autors

Eine Ju-52/3mg5e-Transportmaschine mit der sogenannten Condor-MG-Haube vor der Halle 1 im JFM-Montagewerk Bernburg, Sommer 1939.
Foto: Sammlung des Autors

Ju-52-Transporter mit einem Fenster-MG-Stand, Nordafrika 1942.
Foto: Erwin Seeger, Bundesarchiv

Die Ju 52/3m als fliegendes Lazarett im Einsatz, Balkan 1941.
Foto: Meyer, Bundesarchiv

liegen der Genfer Konvention hielt sich leider kaum eine Kriegsseite.

Ihre logistischen Grenzen, gesetzt von Kapazitäten und späterem Materialmangel, erlebten die Ju-52-Lufttransportverbände bereits einige Wochen nach Beginn des deutschen Überfalls auf die Sowjetunion am 22. Juni 1941. Von der Ostsee bis zu den Karpaten erstreckte sich eine Frontlänge von circa 5.000 km, für deren benötigten Nachschub an Munition, Treibstoff und Verpflegung bei Beginn der Kriegshandlungen nur rund 200 Transportflugzeuge zur Verfügung standen. Nun musste die Lufthansa alle verfügbaren Flugzeuge an die Luftwaffe abgeben. Die Ju-52-Lufttransportverbände im Mittelmeerraum und in West- und Nordeuropa wurden wesentlich reduziert.

Im Januar 1942 kesselte erstmals die Rote Armee im Raum Demjansk 95.000 Soldaten der deutschen Wehrmacht ein. Nahezu ohne Jagdschutz sicherten die Lufttransportverbände bis Ende April 1942 eine Luftbrücke zu den eingeschlossenen Einheiten, bis die Verbindung der Heeresgruppen Nord und Mitte wiederhergestellt war.

Nach der Einkesselung der 6. Armee bei Stalingrad im November 1942 durch die sowjetischen Streitkräfte wurde vom Oberkommando der Wehrmacht der folgenschwere Befehl zum „Einigeln und Durchhalten" gegeben. Den Kessel über eine Luftbrücke zu versorgen, war ein Kraftakt und eine Militäroperation mit defensivem Charakter. Sie führte letztendlich ins Desaster. So flogen vom 24. November 1942 bis 31. Januar 1943 die Ju-52-Transportverbände in 72 Tagen über 100.000 Tonnen Ausrüstung, Hilfsgüter und Medikamente, Verpflegung und mehrere Millionen Liter Kraftstoff über große Wegstrecken in den Kessel. Ausgeflogen wurden circa 30.000 schwer verwundete Soldaten. Doch die Kapazitäten reichten nicht aus. Die militärische Überlegenheit des Gegners, der politische und moralische Druck beider Seiten auf die kämpfende Truppe, der ständige Beschuss der Landeplätze und der Flugzeuge in der Luft, auch die jahreszeitbedingten extremen Kälteeinbrüche verlangten Mensch und Technik das Letzte ab, brachte für viele Soldaten den Tod.

Für die von den Fliegerverbänden der Deutschen Luftwaffe, Transportgeschwader, geretteten Soldaten wurde die Ju 52 mit ihrem vertrauenerweckenden Motorengeräusch ein Hoffnungsschimmer, dem drohenden Inferno des Todes zu entkommen. Nicht nur durch diese Verwundetentransporte, auch bei der Evakuierung und den Rettungsflügen für die Ostpreußenflüchtlinge und der Versorgung der eingeschlosse-

Ju-52-Seenotflugzeuge über der Nordsee, Norwegen 1940.
Foto: Sammlung des Autors

nen Menschen in den zur Festung erklärten deutschen Städten an der Ostfront erhielt sie ehrende Namen wie: Eiserne Anni, Engel der Landser und Tante Ju. Bis heute hat sich für die Ju 52 der Name Tante Ju erhalten. Viele erschütternde Berichte von Piloten, Geretteten und Angehörigen bei ihren Einsätzen sind überliefert. Und auch die Alliierten zollten der Leistung dieses Flugzeuges und ihrer Piloten Respekt.

Der Klang der heute noch fliegenden Oldtimer-Maschinen ruft die Flugzeugbegeisterten zu den Flugplatzfesten und viele haben Interesse, mehr über die bewegte Geschichte dieses Flugzeugtyps und seine zahlreichen Ausführungen zu erfahren. Und so vermag die Ju 52 noch ein weiteres: nach 80 Jahren die Erinnerung an die Geschehnisse im Zweiten Weltkrieg noch wach zu halten, dass sich Menschen der vielen Kriegsopfer und Toten auf beiden Seiten erinnern, gegen Kriege protestieren und naturwissenschaftliche Erkenntnisse, Patente und Technologien ausschließlich im humanen Sinne nutzen wollen.

Ju-52-Fensterlafette mit MG 15, Trommelmagazin mit Patronensack. Im Hintergrund der Waffenständer, 1940.
Foto: Sammlung des Autors

SPANIEN

Seit Juli 1936 herrschte in Spanien Bürgerkrieg. Mehrere Generäle, darunter der spätere Staatschef Franco, putschten gegen die demokratisch gewählte Regierung und das freiheitsliebende spanische Volk. Die NS-Regierung Deutschlands und das faschistische Italien unterstützten die Putschisten mit modernster Waffentechnik und freiwilligen Militäreinheiten, wie die Legion Condor. Dagegen erhielt die spanische Republik militärische Hilfe von der Sowjetunion mit ihren Internationalen Roten Brigaden.
Mit 48 Ju-52-Transportflugzeugen bzw. -Hilfsbombern und Probemustern des Stuka-Bombers Ju 87 unterstützte die deutsche Luftwaffe die Putschisten. Neben Truppentransporten zwischen Nordafrika und Spanien bombardierten die Ju-52-Maschinen nicht nur militärische Stellungen oder versenkten Schiffe der Republikaner, sondern flogen auch zielgerichtet Angriffe auf Städte und zivile Objekte. So fielen Brand- und Sprengbomben auf die Hauptstadt Madrid, die baskischen Städte Bizkaia und Guernica sowie weitere Ortschaften im Land.
Die Folgen waren verheerend. Der Angriff der deutschen Kampfgruppe 88 der Legion Condor mit Unterstützung des italienischen Kampfflieger-Verbandes Fascist Aviacione Legionaria am 26. April 1937 auf Guernica gestaltete sich zu einem Akt unmenschlicher Barbarei gegen eine wehrlose Zivilbevölkerung. Eine Stadt in Flammen und Trümmern. Die meisten Opfer waren Frauen, Kinder und alte Menschen. Seitdem gilt die Ju 52 als Menetekel. Ein Flugzeug, als ziviles Passagierflugzeug gebaut, wurde missbraucht zu einem Sendboten des Todes.
Foto: picture alliance/IMAGNO/ Austrian Archives (S)

Eine Luftbildaufnahme (AP Photo) des italienischen Kampfflieger-Verbandes Fascist Aviacione Legionaria vom Mai 1937 dokumentiert das verheerende Ausmaß der durch Brand- und Sprengbomben total zerstörten Stadt Guernica und den Luftterror gegen die spanische Zivilbevölkerung. Guernica ist das Sinnbild des beginnenden modernen Luftkrieges im 20. Jahrhundert. Eines Krieges, der erstmals auch die Zivilbevölkerung weitab von der Front heimsuchte.
Als Geste der Aussöhnung zwischen Deutschland und der Stadt Guernica kam es 1987 auf Initiative der deutschen Politikerin Petra Kelly zur Gründung des Friedensforschungszentrums „Guernica Gogoratuz" (An Guernica erinnern).
Foto: picture alliance/AP Images

Im Tarnprofil waren die Ju-52-Flugzeuge und Stukas Ju 87 der Luftwaffe für die Legion Condor den charakteristischen Farben der spanischen Landschaft angepasst. Ein kräftig helles Himmelblau auf der Unterseite von Tragflächen und Rumpf ließ fliegende Maschinen vom Boden aus nicht sofort erkennen. Sand- und Erd-Farbtöne am Rumpf und auf den Tragflächen sorgten am Boden für effektvolle Tarnung, geschützt vor gegnerischer Luftaufklärung. Als Hoheitszeichen zierte Tragflächen und Seitenleitwerk das Andreaskreuz als Runenzeichen und als weiteres Erkennungsmerkmal ein senkrecht (lotrecht) stehender weißer Balkenstrich am Flugzeugrumpf.
Foto: picture alliance/AKG Images

KRETA

Ein Kriegsberichtsstatter der Wehrmacht hält aus der Ju-52-Kanzel den Anflug auf die Insel Kreta mit seiner Kamera fest.
Foto: picture alliance/AKG Images

In voller Kampfausrüstung besteigen Fallschirmjäger und Luftlandetruppen in den frühen Morgenstunden des 20. Mai 1941 die Ju-52-Militärtransport-Flugzeuge zum Angriff auf Kreta.
Foto: Sammlung des Autors

Am 20. Mai 1941 begann während des Balkanfeldzuges der deutschen Wehrmacht das Unternehmen „Merkur“, eine Luftlandeoperation der Luftwaffe zur Besetzung der griechischen Mittelmeerinsel Kreta, die von britisch-griechischen Militäreinheiten und Schlachtschiffen verteidigt wurde. Kette auf Kette flogen Ju-52-Militärtransporter zur Insel und setzten Fallschirm- und Gebirgsjäger in das Kampfgebiet ab. Gleichzeitig erfolgten Bombenangriffe auf die englischen Stellungen und gegen die englische Flotte um Kreta. Ein unmenschliches Kampfgeschehen mit vielen Toten, auch in der griechischen Zivilbevölkerung. Am 1. Juni 1941 kapitulierte die Insel.

OSTFRONT

Mit dem Unternehmen „Barbarossa“ begann die deutsche Wehrmacht am 22. Juni 1941 den Überfall auf die Sowjetunion. Betanken eines Ju-52-Militärtransporters auf einem Feldflugplatz in den Weiten der Ukraine, Herbst 1941.
Foto: Sammlung Ian Spring

Im Winter erhielten Ju-52-Transportstaffeln, die sich im unmittelbaren Fronteinsatz befanden, einen der Jahreszeit angepassten weißen Tarnanstrich.
Foto: Sammlung des Verfassers

Die Propeller einer landenden Ju-52-Kurier-Maschine wirbeln den Staub der trockenen Steppe in Russland auf. Im Vordergrund steht auf dem Gelände des Feldflugplatzes das Motorrad eines Kradmelders, der die ankommenden Kurierschreiben an die entsprechenden Kampfeinheiten weiterleitet. Das Farbfoto stammt aus dem Buch „Fliegende Front“ von W.E. Freiherr von Medem, Verlag Die Wehrmacht 1942.
Foto: Sammlung des Verfassers

AFRIKA

Oben links: Eine Ju-52-Kuriermaschine mit dem Luftwaffenemblem vom Sonderkommando Ju 52(MS) „Mausi" erhält per Flaggensignal die Starterlaubnis. Auch auf einem Feldflugplatz im Fronteinsatz galten die Flugdienstvorschriften des Reichsluftfahrtministeriums.

Oben rechts: Von Sizilien nach Nordafrikas Küstenstädten Tunis und Tripolis, aber auch zu anderen Abteilungen des Afrikakorps entstand ab Februar 1941 eine Luftbrücke, die vorrangig mit Ju-52-Transportern und -Sanitätsflugzeugen beflogen wurde. Auf einem Feldflugplatz auf Sizilien erhalten die aus Nordafrika ausgeflogenen verwundeten Soldaten unmittelbar nach ihrer Landung erste medizinische Betreuung.

In der Sonnenglut Nordafrikas steht eine Ju-52-Transportstaffel auf einem improvisierten Feldflugplatz in der Libyschen Wüste.
Alle Fotos auf dieser Seite: Sammlung des Verfassers

Zur Absicherung der weiten Transport-Luftwege im Mittelmeerraum leisteten die Piloten der Ju-52-Maschinen mit ihren Versorgungsflügen zu jedem Zeitpunkt scheinbar Unmögliches und das auch in prekären militärischen Situationen, da sie meist ohne Geleitschutz von Jagdflugzeugen operieren mussten.
Beide Fotos oben: Sammlung des Autors
Foto unten: Ian Spring

Nach den Anstrengungen der langen Transportflüge war für die Crew eine Ruhepause angesagt, bevor die turnusmäßigen Vorbereitungs- und Wartungsarbeiten an der Maschine für den nächsten Flugeinsatz begannen. Mit voller Konzentration flogen die Piloten im Mittelmeerraum der Ägäis die zahlreichen griechischen Inseln an, um die dort stationierten Besatzungstruppen zu versorgen.
Alle Fotos der Doppelseite: Sammlung Ian Spring

WESTEUROPA

Während des Afrikafeldzugs der deutschen Wehrmacht im Bündnis mit der italienischen faschistischen Armee richtete die Luftwaffe ab Februar 1941 eine ständige Luftbrücke zwischen Sizilien und den nordafrikanischen Küstenstädten Tripolis und Tunis ein. Eine logistisch bemerkenswerte Aktion, denn in dieser flugtechnisch effizienten Lufttrasse operierten in Ketten fliegende Ju-52-Militärtransporter und -Sanitätsflugzeuge mit Begleitschutz von Jagdfliegern.

Auf einem der großen Feldflugplätze auf Sizilien ist eine aus Nordafrika kommende Ju 52 3m-Sondermaschine vom medizinischen Dienst gelandet, die im Auftrag des Robert-Koch-Instituts Wehrmachtsangehörige auf Tropenkrankheiten untersuchte.
Foto: Sammlung Ian Spring

Ju-52-Transportflüge gab es in Westeuropa auch zwischen den 1940 von der Deutschen Wehrmacht und Marine besetzten englischen Inseln im Ärmelkanal zwischen Frankreich und der britischen Insel. Im militär-administrativen Kurierdienst flogen die Ju 52 durch das gesamte von der Wehrmacht 1939 und 1940 eroberte und besetzte Europa. Die Deutsche Lufthansa eröffnete wieder ihren zivilen Passagier- und Fracht-Flugdienst zwischen den besetzten europäischen Ländern, wenn auch mit einer stark reduzierten Luftflotte durch kriegsbedingte Requirierung von Ju-52-Maschinen der Luftwaffe.

Nach der Einkesselung der 6. Armee der Wehrmacht durch die Sowjetarmee bei Stalingrad ab November 1942 versorgten Ju-52-Transporter das Heer bis 31. Januar 1943 über weite Wegstrecken mit über 100.000 Tonnen Ausrüstungen, Hilfsgütern, Verpflegung und Medikamenten. Für die etwa 30.000 ausgeflogenen schwer verwundeten Soldaten wurde die Ju 52 mit ihrem markanten Motorengeräusch zu einem „Rettungssymbol" aus dem Inferno des Todes.
Foto: Sammlung Ian Spring

Versuchsflüge mit der Ju 52

Bis zur Einführung der modernen Computertechnik in der simultanen Forschung musste man sich konventioneller Methoden bedienen. Aerodynamische und leistungstechnische Forschungsmethoden bei Neu- bzw. Weiterentwicklungen in der Luftfahrt waren jahrzehntelang:

a) der Windkanal und
b) die praktische Nutzung von Flugzeugen als Erprobungsträger.

Das Hörsaal-Flugzeug diente vorrangig zur fliegertechnischen Ausbildung des Nachrichtenpersonals.
Foto: Sammlung des Autors

Die letztere Forschungsart geht in ihrer konkreten praxisbezogenen Form auf Ideen von Prof. Hugo Junkers zurück. Bereits in den frühen 1920er-Jahren nutzte Junkers im Dessauer Flugzeugwerk verschiedene dreimotorige Maschinen wie die G 24, um aerodynamisch bedingte Anbauten bzw. Verkleidungen, Fahrgestelle, Leitwerke, Luftschrauben, neue Motoren, aber auch Armaturen und Funkausrüstungen im praktischen Versuchsflug zu testen.

Mit der Einführung der Junkers Ju 52 im Luftverkehr bot sich ein neuer Flugzeugtyp für diese Versuche an, der insbesondere durch seine aerodynamisch ausgeglichenen Flugeigenschaften, verbunden mit seinen qualitativen und konstruktiv-technischen Parametern, für Experimente dieser Art besonders prädestiniert erschien. So entstand ab 1933 eine Sonderform, die Ju 52 als Erprobungsträger.

Genaugenommen handelte es sich um einen fliegenden Prüfstand, ausgestattet mit einem technischen und physikalischen Labor. Aufgabe und Zielstellung dieses speziellen Flugzeugeinsatzes bestanden in der:

- Durchführung aerodynamischer Versuche im praktischen Flugbetrieb;
- Untersuchung von Motorneuentwicklungen und deren Zusatzaggregaten;
- Erprobung von Luftschrauben im Flugbetrieb;
- Schulung von Piloten und flugtechnischem Personal;
- Aus- und Weiterbildung von Technikern und Funkern im Flugbetrieb.
- Wetterkunde und meteorologische Untersuchungen;
- Erprobung von Enteisungsanlagen.

Die Ju 52 als Versuchsträger zum Studium der Tragflächenvereisung. Über dem Cockpit angebrachte Regendüsen blasen das fein zerstäubte Wasser gegen den dahinter angebrachten Hilfsflügel. Diese „künstlichen Witterungsverhältnisse“ erlauben eine genaue Beobachtung des Eisansatzes.
Foto: Sammlung des Autors

Diese fliegenden Luftfahrtforschungsbüros stellen in der Entwicklungsgeschichte der Luftfahrt eine absolute Neuheit und Besonderheit dar. Es blieb dem Wissenschaftler Hugo Junkers vorbehalten, diese praxisbezogene Experimentier- und Forschungsform im Flugzeugbau einzuführen. Zugleich charakterisiert diese Art der Forschung die hohen Sicherheits- und Qualitätsanforderungen an die Technik im Interesse des Menschen.

Je nach Aufgabenstellung und Spezifizierung entstanden im Junkers-Flugzeugbau und ab 1935 im Junkers-Konzern JFM eine Reihe von fliegenden Prüfständen, die vorrangig im zivilen Luftverkehr, auch durch internationale Fluggesellschaften, jedoch insbesondere durch die verschiedenen Flugerprobungsstellen innerhalb Deutschlands zum Einsatz kamen.

Als Triebwerk-Erprobungsträger diente der Mittelmotor der Ju 52/3m. Im Messraum konnten die Techniker und Spezialisten die Versuchsmotoren sprichwörtlich auf Herz und Nieren prüfen. Bei einem Drehzahlabfall, Nebengeräuschen, Motorvibration oder Motorausfall, stets sorgten die beiden Außenmotoren für die Sicherheit des fliegenden Prüfstandes. Zusatzaggregate, neuentwickelte Kraftstoffgemische, Motorverkleidungen konnten problemlos im Flug getestet werden. Die neuentwickelten Enteisungsanlagen an Tragflächen, Leitwerk und Luftschraube entstanden wie der speziell für hohe Umdrehungen entwickelte Kühlblattpropeller ausschließlich dank der fliegenden Prüfstände.

Eine spezielle Form der fliegenden Prüfstände bildeten die sogenannten Hörsaalflugzeuge. Ihre Aufgabe bestand darin, Piloten und funktechnisches Personal anhand neuester Instrumentierung, Navigationstechnik und modernster Nachrichtentechnik praxisbezogen im Flug zu schulen. Der gesicherte

Einbau eines Junkers-Diesel-Flugmotors vom Typ Jumo 205 D in den fliegenden Ju-52-Prüfstand. Das Foto entstand im September 1938 auf der Flugerprobungsstelle Rechlin.
Foto: Sammlung des Autors

Eine eingebaute Druckluftenteisungsanlage im Querruder einer Ju 52/3m, JFM Montagewerk Bernburg 1940.
Foto: Sammlung des Autors

KB

Oben links: Demonstration der Arbeitsweise der Druckluftenteisungsanlage mittels einer vibrierfähigen gummierten Vorderkante der Leitwerksflächen.
Foto: Sammlung des Autors

Oben rechts: Die Segmentierung der Tragflächen-Hinterteile an der Ju 52 ermöglichte nicht nur einen schnellen Wechsel der Baugruppen, sondern erleichterte auch den Einbau und die Wartung der Enteisungsanlagen.
Foto: Sammlung des Autors

DIE BESONDEREN MERKMALE DER JU 52/3m

FLUGLEISTUNGEN:

Hohe Reisegeschwindigkeit, erreicht durch aerodynamisch günstige Ausbildung des Flugzeuges.

Niedrige Landegeschwindigkeit durch den Junkers-Hilfsflügel ermöglicht die Benutzung von Flugplätzen, die bisher infolge ihrer geringen Abmessungen oder der sie umgebenden Hindernisse für Flugzeuge dieser Größenordnung mit gleicher Flächenbelastung und sonst gleichguten aerodynamischen Eigenschaften nicht zugänglich waren.

SPECIAL FEATURES OF THE JU 52/3 m

PERFORMANCE:

High cruising speed obtained by improved aerodynamic design.

The considerably reduced landing speed achieved by the Junkers Auxiliary Wing enables the Ju 52/3 m to land on aerodromes of confined space or difficult approach that previously could not be used by aeroplanes of similar size.

Wide range with large pay load.

Das obenstehende Bild zeigt eine Landung mit und ohne Junkers-Hilfsflügel. Die Ju 52/3 m kann infolge ihrer Ausrüstung mit dem Ju-Hilfsflügel mit Sicherheit auf diesem Gebirgsflugplatz landen.

The accompanying picture shows the landing of an aeroplane without any special landing device as compared with the landing of an aeroplane fitted with the Junkers Auxiliary Wing. The Ju 52/3 m can easily land and take off on thie relatively small aerodrome.

Der unmittelbar hinter der Tragfläche angeordnete Hilfsflügel, auch als Doppelflügel bezeichnet, trug wesentlich zur Verbesserung der Flugeigenschaften der Ju 52 bei.
Grafik: Sammlung des Autors

Empfang von der Bodenstation, Gespräche von Flugzeugbesatzungen untereinander und störungsfreie Weitergabe von flugtechnischen Daten, Nachrichten, Weisungen und Wettermeldungen sowie der sogenannte Blindflug nach der Bordinstrumentierung waren und sind noch heute von außerordentlicher Bedeutung im Flugverkehr. Dinge, die heute am Computer und Flugsimulator geschult und geprobt werden, gehörten bis in die 1940er-Jahre zu den Aufgaben der Hörsaalflugzeuge.

Aufgrund ihrer guten Flugeigenschaften und ihres hohen Sicherheitsstandards eignete sich die Ju 52/3m auch als Erprobungsträger für Sonderausrüstungen. So wurden unter anderem in der Erprobungsstelle Rechlin Versuche über das Start- und Landeverhalten als Truppentransporter bzw. im Lastenflug unter erschwerten Bedingungen durchgeführt. Von den zahlreichen Erprobungen seien hier die navigationstechnischen Versuche der Luftfahrterprobungsstelle Diepensee bei Berlin-Schönefeld erwähnt. Dort testeten ab 1943 Funktechniker im Auftrag der Luftfahrtforschungsanstalt Hermann Göring des Reichsluftfahrtministeriums, mit einer Ju-52-Sondermaschine der Berliner Firma C. Lorenz AG die neueste Fernsteuerungstechnik. Durch eine neuentwickelte Funkfernsteuerung sollten Piloten in die Lage versetzt werden, anhand eines Funkleitstrahls gleichzeitig mehrere Ju-52-Transportmaschinen zu fliegen und ggf. diese auch unbemannt starten und landen zu können. Eine für die damalige Zeit höchst innovative Forschungsaufgabe, die in der Erprobungsphase zu überraschenden, verwertbaren Ergebnissen führte, die aber nicht mehr zur praktischen Umsetzung kamen. Der allgemeine Baustopp in der Flugzeugindustrie zugunsten des sogenannten Jägerprogramms brachte 1944 das Ende dieser Entwicklung.

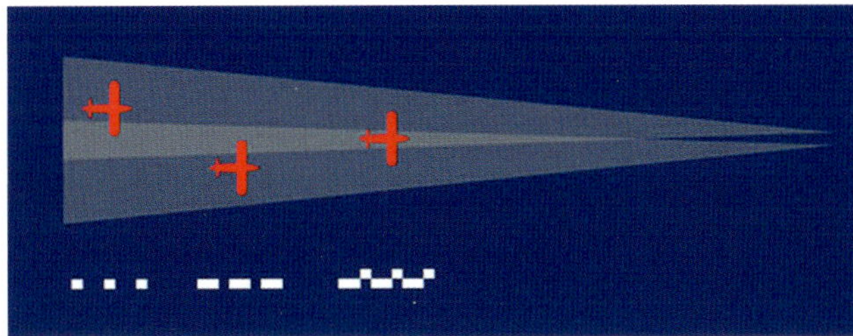

Oben links: Ju-52-Sondermaschine der C. Lorenz AG Berlin, Versuchsträger für Funkmesstechnik.
Foto: Sammlung des Autors

Oben: Innenansicht der C. Lorenz-Firmenmaschine während der Erprobungsphase der Funkleittechnik in Diepensee bei Berlin, 1943.
Foto: Sammlung des Autors

Links: Funktionsdarstellung des Lorenz-Funkleitstrahls.
Foto: Sammlung des Autors

Für Untersuchungen im wirtschaftlichen Langstreckenflug wird eine Ju 52 als fliegender Prüfstand mit einem Jumo-Schwerölmotor (Diesel) für einen Probeflug ausgerüstet.
Foto: Sammlung des Autors

Ju 52 – Lizenzbauten

Während der Besetzung Frankreichs durch die Deutsche Wehrmacht im Zweiten Weltkrieg erhielten im August 1941 die Flugzeugwerke Amiot in Colombes durch das Reichsluftfahrtministerium in Berlin den Lizenzauftrag, für die deutsche Luftwaffe Transportflugzeuge vom Typ Ju 52 in den Versionen g10e (mit 3 x 660 PS) und g14e (mit 3 x 800 PS) zu bauen. Unter dem Namen Ateliers Aéronautiques de Colombes, mit der kurzen Typenbezeichnung AAC.1 und AAC.1 „Toucan", kamen ab Juni 1942 die ersten Maschinen zur Auslieferung. Diese bestanden noch vorwiegend aus den Ersatzteillagerbeständen der Luftwaffe und waren somit optisch nur anhand der Nietenreihung und der Typenschilder vom Original zu unterscheiden. Als Flugmotoren kam eine Weiterentwicklung des BMW 132 zum Einsatz. Laut Liefervertrag wurden bei Amiot bis 1944 insgesamt 516 Ju-52-Lizenzmaschinen gebaut und zur Auslieferung gebracht. Nach der Befreiung Frankreichs durch die Alliierten übernahm die französische Armée de l´Air den noch vorhandenen Bestand an Ju-52-Maschinen.

In der Republik Südafrika fliegt die Junkers Ju 52/3m „Jan van Riebeeck", eine Lizenzmaschine vom TYP CASA 352 mit der Kennung ZS-AFA. Im Passagierraum befindet sich ein großes gerahmtes Bild des holländischen Namensgebers. So verbindet sich für die Fluggäste und Besucher während der Rundflüge um Johannesburg regionale Landesgeschichte mit einem historischen Zeitzeugen der Luftfahrt.
Foto: Sammlung des Autors

Die Amiot-Flugzeugwerke setzten den Ju-52-Lizenzbau bis 1948 unter der Typenbezeichnung „Toucan" fort und lieferten Transportmaschinen für die Armee, die Aéronavale und die Air France. So beteiligte sich eine Ju 52 der französischen Luftwaffe 1948 während der Berlin-Blockade an der legendären Luftbrücke. Als Transporter und Behelfsbomber erlebte die Ju 52 erneut Militäreinsätze, so 1949 im französischen Indochinakrieg und in den 1950er-Jahren im Algerienkonflikt. Es gab aber auch humane Einsätze wie den Transport von Hilfsgütern nach Agadir in Marokko, wo 1960 ein schweres Erdbeben stattfand. Danach musterte die französische Luftwaffe die Ju-52-Lizenzmaschinen aus. Eine Reihe dieser Flugzeuge befindet sich heute in Museen, so im Deutschen Museum in München, im Fliegerhorst Hohn, im Imperial War Museum in Duxford/England, im Musée de l´Air in Paris-Le Bourget, im Museu do Ar in Alverca/Portugal und im Luftfahrtmuseum in Belgrad.

Im Ergebnis eines gemeinsamen Tagungsmarathons des deutschen und ungarischen Regierungsausschusses des Auswärtigen Amtes mit dem Rüstungsministerium, 18. Februar bis 18. März 1944, wurde eine Vereinbarung über die Verlagerung bestimmter Industriezweige vom Dritten Reich nach Ungarn geschlossen. Die Republik Ungarn war seit 1941 ein Verbündeter NS-Deutschlands und bisher weitgehend von alliierten Luftangriffen verschont geblieben. Von der geplanten Verlagerung war vorrangig die Luftrüstung betroffen. Neben der Serienproduktion des Fliegertyps Messerschmitt Me 209 und dem Bau von Motoren der Daimler-Benz AG sollten auch Ju-52-Transportflugzeuge gebaut werden. Sie waren für das Einsatzgebiet Ostfront vorgesehen, da dort die Verluste von Flugzeugen dieses Typs hoch waren.

Unter Beteiligung mehrer Wirtschaftsunternehmen, wie der Waggonfabrik in Györ und der Donauer-Flugzeugwerke, lief unmittelbar nach der oben genannten Tagung die Flugzeugfertigung an. Zur geplanten Auslieferung kam es jedoch nicht, da im Frühjahr 1944 die Donauer-Flugzeugwerke durch alliierte Bombenangriffe nahezu völlig zerstört wurden. Hinzu kam das rasche Vordringen sowjetischer Verbände im Rahmen ihrer Sommeroffensive 1944 in Richtung Ungarn und den Balkan. So kam das geplante Flugzeugprogramm gänzlich zum Erliegen.

Auch die in Frankreich als Militärversion der Luftwaffe restaurierte Ju 52/3m ist eine Lizenz-Casa, die im Mai 2005 auf dem Dessauer Flugplatz „Hugo Junkers" auf einem Zwischenstopp von der ILA Berlin kommend zu sehen war.
Foto: Sammlung des Autors

Zur Auslieferung an die deutsche Luftwaffe gelangten nur vier Ju-52-Transporter, über deren Einsatz und Verbleib keine Unterlagen aufgefunden werden konnten.

Die während des spanischen Bürgerkriegs ab Juli 1936 zunächst eingesetzten 20 Transportmaschinen vom Typ Ju 52/3m der Legion Condor, später aufgestockt auf 64 Flugzeuge der Baureihen g3a und g4a, verblieben nach dem Franco-Militärputsch im Land. In Spanien flog die Ju 52 ausschließlich für die Luftwaffe und erhielt dort den Spitznamen „Pablo". Obwohl sich die faschistische spanische Regierung während des Zweiten Weltkrieges neutral verhielt, beantragte die Luftwaffe 1941 im Auftrag des Diktators Franco den Ju-52-Lizenzbau, dessen Vergabe nach dem Abschluss der Vertragsverhandlungen mit dem Auswärtigen Amt und dem Reichsluftfahrtministerium in Berlin ein Jahr später erfolgte.

Den Lizenzbau realisierte die Firma Construcciones Aeronauticas S.A. in Getafe nahe der Hauptstadt Madrid. Dort entstanden ab Ende 1944 bis März 1954 insgesamt 170 Ju-52-Maschinen unter der Typenbezeichnung CASA 352 für die spanische Luftwaffe. Als Schulungs-, Fallschirmspringerflugzeug und Transporter kamen die Maschinen zum Einsatz, wobei es auch einige Passagierflugzeuge mit 14 bis 18 Sitzplätzen gab. Als Flugmotoren kamen jeweils drei Sternmotoren vom Typ BMW 132 A mit 660 PS zum Einsatz, in Lizenz gebaut von der Firma Elizalde in Barcelona. Diese wurden später auf Weisung des Luftfahrtamtes in Madrid durch spanische Motoren vom Typ ENMASA Beta R3/E mit 775 PS umgerüstet. Dadurch erhöhte sich merklich die Motorenleistung, was den Beliebtheitsgrad der CASA 352 erhöhte und ihre Attraktivität bei der Truppe erneut steigerte. Erst 1972 wurden die letzten Lizenzmaschinen aus der spanischen Luftwaffe ausgemustert.

Erhalten haben sich 22 Flugzeuge des Typs CASA 352, die sich in verschiedenen Museen und anderen öffentlichen Einrichtungen Europas, in Südafrika, Süd- und Nordamerika befinden. Am bekanntesten ist die CASA mit der Werk-Nr. 164, die unter dem Namen Jan van Riebeeck mit der Kennung ZS-AFA der SA AIRWAYS in der Republik Südafrika rund um Johannesburg noch im Flugdienst steht. Auf dem Dulles Airport in Washington D.C./USA und dem Flughafen in München ist im jeweiligen Besucherpark eine gut restaurierte CASA 352 zu bewundern. Das Auto & Technik Museum in Sinsheim wartet mit drei CASA-Maschinen auf und auch in den Flugausstellungen in Deggendorf und Hermeskeil sind spanische Maschinen der Ju-52-Lizenzfertigung zu besichtigen.

Die CASA mit der Werk-Nr. 121 kann auf eine besondere Geschichte verweisen. Nachdem das Flugzeug bis zum Beginn der 1990er-Jahre auf dem Düsseldorfer Flugplatz als technisches Highlight der Luftfahrtgeschichte viele Besucher, Flugreisende und Gäste in seinen Bann zog, erfolgte durch die intensive Förderung eines Vereins und der Schweizer JU-AIR in Zürich-Dübendorf im Zeitraum 1991 bis 1997 eine umfassende Rekonstruktion. In deren Ergebnis erhielt die Maschine wieder eine Flugzulassung, wobei sie unter der Kennung HB-HOY (ex D-CIAK, davor ex T.2B-165) unter der Schirmherrschaft eines Vereins für die JU-AIR fliegt und gleich drei Heimatstandorte, nämlich Dübendorf, Düsseldorf und Mönchengladbach, besitzt.

Weiterentwicklungen der Ju 52

Im Herbst 1938 erteilte die Lufthansa den JFM den Auftrag, für den Mittelstreckenbereich ein Folgemuster für die dreimotorige Ju 52 zu entwickeln. Neben einer Vergrößerung der Passagierkapazität auf 30 Personen und einer angestrebten Reichweitenerhöhung auf 1.800 km bis 2.000 km sollte eine durchschnittliche Reisegeschwindigkeit zwischen 350 und 400 km/h erreicht werden. Der Chefkonstrukteur Ernst Zindel übertrug das Projekt Konrad Eichholtz, der bereits mit dem Entwicklungsflugzeug EF 77 ein ähnliches Vorhaben bearbeitet hatte. In veränderter Konstruktion und in Glattblechbauweise legte er eine dreimotorige Konstruktion vor, wobei bewährte Elemente der Ju-52-Variante beibehalten werden sollten. Im konstruktiven Aufbau der Flugzeugzelle orientierte sich das Konstruktionsteam dagegen an dem viermotorigen Langstreckenflugzeug vom Typ Ju 90, das ebenfalls unter der Leitung von Ernst Zindel stand.

Das projektierte Flugzeug war nun äußerlich nicht mehr der alten Ju 52 ähnlich. Und das lag nicht nur am einziehbaren Fahrwerk. In seiner aerodynamischen Formgebung setzte es Akzente, die neuartig und ungewohnt erschienen. Dabei hatte der Leiter des Windkanals, Philipp von Doepp, nur die im Junkers-Konzern gesammelten Erkenntnisse auf dem Gebiet der Glattblechbauweise und der konstruktiven Druckkabinenforschung unter aerodynamischen Gesichtspunkten berücksichtigt. Doch diese Flugzeugentwicklung, die bei einem Typenvergleich dem Aussehen nach an amerikanische Maschinen erinnerte, fanden Lufthansa und Reichsluftfahrtministerium zu konsequent. Daher erfolgte eine Überarbeitung der Konstruktionspläne. Heinrich Kraft wurde der neu eingesetzte Projektleiter, der mit seinem Entwicklungsbüro zwischenzeitlich nach Prag umgezogen war. Im Juli 1939 lag das Muster der JFM Ju 252 vor.

Rumpfmontage der JFM Ju 252 V3. Die gerundete Fensterform resultiert aus dem Luftdruck in größeren Höhen, denn der Passagierraum war als Druckkabine ausgelegt.
Foto: Lufthansa

Ein Blick durch die Transportklappe, die sogenannte Trapoklappe, in den Laderaum zeigt die Dimension des Großraum-Flugzeuges JFM Ju 252.
Foto: Lufthansa

UND WIEDER ENTSTEHT EIN MILITÄRPROJEKT

Die Konstruktion lehnte sich an das seit 1936 im JFM entwickelte Prinzip eines sogenannten Baukastenflugzeuges an. Ausgehend von einer Standard-Grundzelle konnte je nach Bedarf und vorgesehener Nutzung durch verschiedene Rüstsätze ergänzt, der jeweils benötigte Flugzeugtyp entwickelt werden.
So entstand ein freitragender Tiefdecker in Glattblech-Schalenbauweise mit den typischen Junkers-Spalt-Landeklappen, Spalt-Querrudern und einem

Die Ju 352 war ursprünglich für den Passagierflugverkehr bei der Deutschen Lufthansa vorgesehen. Doch das Projekt musste verändert werden, da das Militär dringend Transportmaschinen benötigte.
Foto: Lufthansa

Einziehfahrwerk. Das Konzept war rationell und logisch aufgebaut. Es war wichtig, auf den Bedarf eines potenziellen Auftraggebers schnell und flexibel reagieren zu können und dessen gewünschte Flugzeugausführung mit kurzen Lieferfristen zu erfüllen. Damit wollte man der Branchenkonkurrenz eine Nasenlänge voraus sein und Marktanteile halten oder gar erobern. So konnte und musste der JFM-Konzern mit seinem Stamm bewährter Mitarbeiter wirtschaftliche Erfolge sichern, die Generaldirektor und Aufsichtsratsvorsitzender Heinrich Koppenberg dem NS-Staat zu erbringen hatte.

Doch das zivil angedachte Lufthansa-Projekt wurde in ein Militärtransportprojekt umgewandelt. Rohstoffknappheit und Materialengpässe und immer wieder Änderungen im Konzept als Großraumtransporter verzögerten das JFM-Ju-252-Projekt bereits 1941 in seiner flugtechnischen Erprobungsphase. Mit der Weiterentwicklung zur JFM Ju 352, einer materialminimierten und konstruktiv-technologisch vereinfachten Variante der Ju 252, entstand in den Konstruktionsbüros ein absolut untypisches Junkersmodell in der sogenannten gemischten Bauweise. Das hieß, der Flugzeugrumpf bestand aus einer Stahlrohr-Holmenkonstruktion, aber die Tragflächen waren aus Holz gefertigt. Der Erstflug der JFM Ju 352 V1 erfolgte am 18. August 1943 unter der Leitung des Flugkapitäns Joachim Matthies mit dem Flugingenieur Anton Endres.

Neu an den genannten Flugzeugtypen waren:

- der druckfeste Passagierraum für geplante Höhenflüge;
- die Verwendung einer Spezialverglasung, Druckdoppelfenster in gerundeter, gewölbter Form;
- die Einbringung einer Klimaanlage mit Höhendruckregelung;

Modell einer JFM Ju 352, wie sie für den zivilen Liniendienst der Lufthansa vorgesehen war.
Foto: Lufthansa

Im äußeren Erscheinungsbild hatte die JFM Ju 352, hier die V10 auf dem Werksflugplatz in Bernburg kurz vor ihrer Überführung zur Flugerprobung nach Rechlin, keine Ähnlichkeit mehr mit der Ju 52. Die veränderte Konstruktion des Rumpfes, die „langnasige" Gestaltung zur Motorenaufnahme, das einziehbare Fahrwerk und vor allem die ungewohnte Glattblechbauweise hatte nicht den Wiedererkennungseffekt zur legendären Ju 52. *Foto: Archiv Arbeitskreis Junkerswerke und Fliegerhorst Bernburg*

- zusammenklappbare Leichtmetallsitze für 50 Personen in der Truppentransport- bzw. Fallschirmjägervariante;
- der Einbau einer druckdichten Zwischenwand zum Transportraum;
- die Verwendung der sogenannten Trapoklappe, einer hydraulisch absenkbaren Laderampe für schwere Lasten;
- eine Motorwinde zum Einziehen von schwerem Transportgut;
- Spezialhaltevorrichtungen und Streben zur Transportsicherung.

Die ersten in Dessau und in Rechlin getesteten Prototypen besaßen keinerlei Einbauten oder Vorrichtungen, die auf eine militärische Nutzung hingedeutet hätten. Erst die JFM Ju 252 V4 erhielt als Transportflugzeug eine defensive Bewaffnung. Von der JFM Ju 252 kamen im Zeitraum 1941–1943 insgesamt 15 Maschinen in die Erprobung bzw. zum Einsatz. Ähnlich sah es bei der Weiterentwicklung zur JFM Ju 352 aus. Von diesem Flugzeugtyp wurden etwa 44 Maschinen im Werk Fritzlar gebaut. Einige Versuchsträger dieses Typs besitzen keine Werknummer, was auf eine umgebaute bzw. umgerüstete Ju 252 schließen lässt. Auch eine motorseitig verbesserte JFM Ju 352 B-1 ging 1944 nicht mehr in Serie. Der allgemeine Baustopp in der Flugzeugindustrie zugunsten des sogenannten Jägerprogramms brachte das Ende dieser Entwicklung. Ein ursprünglich für die zivile Luftfahrt gedachtes Vorhaben endete als Projekt und in der Bauausführung für den militärischen Einsatz.

Die besondere Qualität des Flugzeugs

In einem achtseitigen Aufsatz unter dem Titel: „Betrachtungen über den Flugzeugbau", 1924 in der Zeitschrift des Vereins Deutscher Ingenieure veröffentlicht, umriss Otto Mader am Beispiel der Junkers F 13 die aerodynamischen und statischen Grundfragen des modernen Flugzeugbaus. In anschaulicher Weise charakterisierte er das Flugzeugbau-Programm von Hugo Junkers. Dazu analysierte Mader das Flugzeug als einen „Kompromiss", in dem mehrere physikalische Größen miteinander eine Symbiose eingehen. Aerodynamik, Werkstoffforschung, Statik im Motoren- und Zellenbau sowie die technischen Geräte zur Navigation und Steuerung müssen ausschließlich darauf gerichtet sein, den Menschen während seines Fluges sicher und zuverlässig in seiner Sinneswahrnehmung und Reaktionsfähigkeit zu unterstützen. Aufgabe und Ziel des Flugzeugbaus bestand nach seiner Ansicht folglich darin, das Zusammenwirken dieser physikalischen Wissenschaftsbereiche ständig zu optimieren, um ihn dem jeweiligen Forschungsstand anzupassen.

OPTIMIERTE FORSCHUNG FÜHRT ZUM ERFOLG

Durch diesen Erkenntnisprozess sollten bei Junkers Flugzeuge entstehen, die nicht nur einen geringen Luftwiderstand mit einem optimalen Auftrieb aufwiesen. Sie sollten auch im funktionell-technischen, konstruktiven und technologisch-logistischen Sinne auf der Höhe ihrer Zeit stehen. Doch ist jede dieser Kenngrößen variabel, unterliegt somit Veränderungen. Dadurch eröffnen sich neue Wege und Richtungen in der Flugzeugforschung. Es macht diese sogar notwendig, denn bei jeder Neuentwicklung müssen die aktuellsten Forschungsergebnisse und -erkenntnisse aus all den erwähnten Wissenschaftsbereichen abgerufen und berücksichtigt werden. Dieser Prozess der Optimierung von Forschungsleistungen setzt eigene Ergebnisse auf den Gebieten der Grundlagenforschung voraus. Nur so ist ein Unternehmen befähigt und in der Lage, innovativ tätig zu sein, um dadurch einen Marktvorsprung zu erreichen. Das Ergebnis fällt umso größer aus, je konsequenter und zielgerichteter das Unternehmen diese Vorgaben beachtet.

Der Aufsatz von Mader verfolgte das Ziel, die Methodologie der Junkers-Forschung aufzuzeigen. Gleichzeitig besteht dadurch die Möglichkeit, betriebliche Strukturen des Junkers-Konzerns in ihrer Entwicklung und ihrer wirtschaftlichen und logistischen Vernetzung untereinander besser zu erkennen bzw. konsequenter zu erfassen.

DIE JU 52 – 48 PATENTE IN PRAKTISCHER ANWENDUNG

Bei all seinen wissenschaftlich-technischen Forschungen verfolgte Hugo Junkers stets das Prinzip der Praxisbezogenheit. Jede Neuerung hat einem wirtschaftlichen Ziel zu dienen. Nichts war dem Zufall überlassen oder nur eine rein theoretische Frage. Eine Erfindung wurde nicht um ihrer selbst willen gemacht, sondern hatte die praktische Zielstellung, technische Probleme unter Beachtung wirtschaftlicher Gesichtspunkte in einzelne Schritte zu zerlegen und zu untersuchen. Jeder einzelne Prüfungsabschnitt wurde ausgewertet, die Ergebnisse im Sinne einer Primärforschung erfasst. Die Forschungsergebnisse wurden nur dort verallgemeinert, wo es für die praktische Lösung von Wert war. Diese gründliche Methode der

Grundlagenforschung war legendär bei Junkers und führte zu tragfähigen Konstruktionen und Technologien nicht nur im Flugzeugbau. Seine differenzierten Labortestergebnisse z. B. in Werkstoffforschung und Materialprüfung jener Zeit waren wissenschaftlich-technische Hochleistungen, die heute im Zeitalter der Elektronik und moderner Prüfmethodik noch Bestand haben. Junkers leistete innovative Forschungsarbeit.

Wie Erfolg versprechend diese Form der Forschung am Beispiel der Junkers Ju 52/3m war, verdeutlicht folgende Übersicht: Bei der Entwicklung und Konstruktion des Flugzeugtyps fanden 48 Patente Berücksichtigung. Bis auf ein Patent handelte es sich ausschließlich um Erfindungen von Hugo Junkers und von diesen waren 15 patentierte Entwicklungen speziell beim Bau der Ju 52 entstanden. Der Chefkonstrukteur Ernst Zindel erläuterte in einem Vortrag am 19. Juli 1938 in Berlin-Tempelhof: „Aufbauend auf die mehrjährigen, sehr zahlreichen und mannigfaltigen Erfahrungen, vor allem mit den Typen W 33 und G 24 im Passagier- und Frachtverkehr, im In- und Auslande, als Land- und Wasserflugzeug, gingen wir 1930 an die Konstruktion eines neuen, modernen dreimotorigen Großverkehrsflugzeuges, der in der ganzen Welt bekannten und geschätzten Ju 52 mit 15

Die Ju 52/3m mit der Werk-Nr. 4015, Kennung D-2202 „Richthofen“, wurde im September 1932 von der Lufthansa in den Flugdienst gestellt und war bis August 1934 im zivilen Passagierflug eingesetzt. Nach einer technischen Überholung unterstand die Maschine mit neuer Kennung D-ADYL unmittelbar der Flugbereitschaft des Reichsluftfahrtministeriums von Hermann Göring.
Foto: Lufthansa

Teilgebiet:	**Anzahl/davon Neuerungen für die Ju 52:**
• konstr. Änderungen im Flugzeugbau	• 10 Patente/2 Patente
• Motor-/Antriebstechnik	• 13 Patente/6 Patente
• Steuerungs- und Hilfsmechanik	• 9 Patente/5 Patente
• Fertigungsmittel/Vorrichtungsbau	• 16 Patente/2 Patente

Ab Winterflugplan 1935 bis zum Sommer 1938 war die Ju 52/3m mit der Werk-Nr.4074, Kennung D-ASIS „Wilhelm Cuno“, im Passagier-Flugdienst der Lufthansa eingesetzt. Nach einer umfassenden Instandsetzung erfolgte ein Verkauf der Maschine an die Fluggesellschaft der Eurasia.
Mit der Werk-Nr.6030, Kennung D-AGIC, flog ab Herbst 1938 eine neue Ju 52 „Wilhelm Cuno“, die am 27. August 1939 von der Luftwaffe requiriert wurde.
Foto: Lufthansa

Im Februar 1934 fand in Berlin der Kongress der International Air Traffic Association statt. Als ein Dachverband der unmittelbar nach dem Ersten Weltkrieg weltweit entstehenden Fluggesellschaften wurde er am 28. August 1919 in Den Haag gegründet. Während des Treffens in Berlin besichtigten die Kongressteilnehmer auf dem Flughafen Tempelhof auch die Junkers Ju 52/3m und bescheinigten nach einem Rundflug, dass es weltweit das modernste, komfortabelste und zugleich sicherste Passagier- und Frachtflugzeug sei. *Foto: Lufthansa*

„Röntgenbild" einer Junkers Ju 52/3m als Passagierversion
Foto: Lufthansa

bis 17 Fluggastsitzen und drei Mann Besatzung. Wir können heute ohne Überhebung feststellen, dass diese Maschine, welche in enger Zusammenarbeit mit der DLH entwickelt wurde und im Jahre 1932 zum verkehrsmäßigen Einsatz gelangte, hinsichtlich Leistungen, Flugeigenschaften, Bequemlichkeit, Sicherheit und Zuverlässigkeit wie auch in wirtschaftlicher Beziehung bezüglich Haltung und Wartung einen ganz entscheidenden Fortschritt darstellte.

Jedenfalls ist die Ju 52 noch heute neben den bekannten Douglas DC 2 und 3 das in der ganzen Welt am weitesten verbreitete und beliebteste Verkehrsflugzeug und (…) heute das in den weitaus größten Stückzahlen in der ganzen Welt mit bestem Erfolg eingesetzte mehrmotorige Großflugzeug."

Das sah man bereits im Juli 1932 beim ersten internationalen Auftritt der Ju 52 in der Schweiz. Der Flugwettbewerb begann und endete in Zürich mit einer festgelegten zu transportierenden Schwerlast. Während des Streckenfluges durch die Alpen flog die Ju der Konkurrenz einfach davon.

EIN FLUGZEUG ÜBERSTEHT ZUSAMMENSTÖSSE UND ABSTÜRZE

Auf dem Rückflug nach Dessau kam es am 26. Juli 1932 über dem Flugplatz Schleißheim bei München zu einem Flugzeugunfall. Ein Sportflugzeug stieß in etwa 300 Metern Höhe an der Backbordseite in den Rumpf der Ju 52. Dabei wurden ein Teil der Kabinenwand, die linke Fahrgestellhälfte und der Motor schwer beschädigt. Während die Sportmaschine, ein Schulflugzeug, am Boden zertrümmert lag, konnte der tapfere Pilot die stark beschädigte Ju 52 sicher in einem Kornfeld notlanden. Dabei ging auch das ande-

Cockpit der Ju 52 „Berlin-Tempelhof", Traditionsmaschine der Deutschen Lufthansa Berlin-Stiftung. Die heutige Instrumentierung des Flugzeuges entspricht dem Lufttüchtigkeitszeugnis.
Foto: Schulze-Alex, Lufthansa

re Fahrwerk zu Bruch. Dank der soliden Konstruktion in typischer Junkers-Tiefdecker-Bauweise kamen die Insassen der Ju 52 nicht zu Schaden. Eine Untersuchung ergab, dass die gleiche Tragwerkbeschädigung bei einem anderen Flugzeugtyp zum Absturz geführt hätte. Nach einer sechswöchigen Instandsetzung flog die D-2202 wieder.

Auch während eines Linienfluges nach Hamburg stieß die D-ANAZ mit einem Schulflugzeug zusammen. Dabei wurde ein Viertel der Tragfläche der Ju 52/3m abgerissen. Trotzdem landete die Maschine, welch eine Pilotenleistung, planmäßig und ohne Komplikationen in Hamburg. Besatzung und Passagiere kamen mit dem Schrecken davon.

Auch bei anderen Fluggesellschaften gab es Zwischenfälle. Beim Landeanflug im Hafen von Bahia, Brasilien, rammte der Schwimmer einer Ju 52 eine Mole. Der rechte Schwimmer und der Ölkühler des Seitenmotors gingen dabei zu Bruch. Ohne weiteren Schaden für die Passagiere wasserte die Besatzung die Maschine sicher im Hafen.

Unfälle, bei denen der Pilot noch manövrieren konnte, sodass die Personen unverletzt blieben,

Im Gegensatz zur Ju 52 „Berlin-Tempelhof" war die D-ANOY „Rudolf von Thüna" von 1937, Werk-Nr. 5663, einfach eingerichtet. Doch im Maßstab ihrer Zeit besaß die Ju 52 bereits eine ausgezeichnete Instrumentierung.
Fotos: Lufthansa

sprachen für Konstrukteur, Hersteller und Pilot. Sie förderten sogar das Vertrauen der Passagiere in die Sicherheit und Zuverlässigkeit der Junkers Ju 52.

DIE JU 52 BESASS HÖCHSTE STANDARDS

Höchste Sicherheitsstandards und Servicefreundlichkeit, darauf richtete die Lufthansa ihr Image aus. In Berlin-Staaken befand sich die größte Flugwerft der Flotte, aber auch in den Flughäfen anderer Großstädte standen Hallen zur Wartung und Durchsicht zur Verfügung.

Nach 300 Betriebsstunden waren die ersten technischen Überprüfungen bei einer Junkers Ju 52/3m fällig. Zwei weitere Inspektionen erfolgten nach jeweils 280 Betriebsstunden. Danach gab es einen Turnus von jeweils 260 Stunden, bis nach 1.500 Stunden eine Grundüberholung fällig war. Im Vergleich dazu mussten Flugzeugtypen anderer Hersteller bereits alle 200 Stunden zur Kontrolle und nach 800 Betriebsstunden in die Überholung.

Dieser geringe Wartungsbedarf der Ju 52 machte sich natürlich auch in den Betriebskosten bemerkbar, die folglich niedrig ausfielen. Ein Faktor, der wiederum für die gute Rentabilität dieses Flugzeugs sprach. Die Aufstockung der Flotten mit Ju-52-Maschinen in den Fluggesellschaften veränderte das Kosten-Nutzen-Verhältnis zum Positiven und machte sie wirtschaftlicher.

EIN VOGEL MIT AUSDAUER

Verständlich, dass die Junkers Ju 52/3m zum meistgeflogenen Verkehrsflugzeug ihrer Zeit zählte. In der Flotte der Deutschen Lufthansa war 1937 jede Ju 52 mehr als 1.200 Stunden in der Luft, einige Maschinen brachten es sogar auf 1.500 Flugstunden. Von den 17,7 Millionen Flugkilometern des Jahres 1938 entfielen allein etwa 13,5 Millionen Kilometer auf die Ju 52, das entsprach 75 Prozent der Jahresflugleistung der Lufthansa. In den Jahresbilanzen der anderen europäischen und südamerikanischen Fluggesellschaften sah der Anteil ähnlich aus. Berücksichtigt man noch die weiteren Junkers-Flugzeugtypen wie die F 13, G 23/24, G 31, W33/34 oder Ju 46, die sich im europäischen und internationalen Luftverkehr der 1920/30er-Jahre ebenfalls hervorragend bewährten, so entsteht eine Erfolgsbilanz für Flugzeuge aus der Produktion der Dessauer Junkerswerke.

Passagiere beim Verlassen einer Ju 52, Kennung D-APAJ „Erich Pust“, Werk-Nr. 7029
Fotos: Lufthansa

DER WEG ZUM ERFOLG

Bevor der Erfinder und Patentingenieur Hugo Junkers ein so erfolgreicher Unternehmer im Flugzeugbau werden konnte, ist es angebracht, auf die frühen Jahre seines Wirkens zurückzublicken, die eine Schlüsselfunktion in seiner Rolle als Luftfahrtpionier darstellen.

1. Gemeinsam mit seinem Hochschulkollegen Hans Jakob Reissner legte Hugo Junkers in Aachen den Grundstein für das erste Aerodynamische Institut Deutschlands. Mit ihrem gemeinsamen Memorandum zur Schaffung dieser Forschungseinrichtung an der Technischen Hochschule in Aachen, datiert vom 10. Juli 1911, sind sie deren geistige Urheber. Der erste berufene Professor dieses Lehrstuhls war Theodore von Kàrmàn.
2. In Aachen befasste sich Hugo Junkers mit aerodynamischen Forschungen, führte sie bis zur Patentreife und wandte sie praxisbezogen an. Zu dieser Zeit war er 52 Jahre alt und bereits erfolgreicher Fabrikant von Gasbadeöfen und Warmwasserbereitern in Dessau.
3. Die Verbindung von Theorie und Praxis, von wissenschaftlichem Denken und praktischen Versuchen, führte zu bahnbrechenden Erfindungen auf vielen Gebieten der Technik und der industriellen Großproduktion.
4. Er legte mit seinen Patenten die entscheidenden Grundlagen für eine erfolgreiche Produktion von Ganzmetallflugzeugen im Gegensatz zur herkömmlichen Bauart aus Holz und Stoff.
5. Diese Bauweise bot technisch und ökonomisch damals die einzige Alternative zu einer perspektivischen Weiterentwicklung im Flugzeugbau.
6. Damit waren die Weichen gestellt für die Entwicklung des Flugwesens als Teil der Wirtschaft; sowohl im künftigen Passagierflug als auch Frachtflug.
7. Die Flugsicherheit wurde erreicht durch den Einsatz der neuesten Technik auf dem Gebiet der Navigation, der Weiterentwicklung im Motorenbau, worauf auch hier Hugo Junkers wegweisende Patente besaß und vieles mehr.
8. Junkers-Flugzeuge erwiesen sich als robust und wetterbeständig; sie flogen unabhängig von der Jahreszeit zu jeder Tages- und Nachtzeit, boten Sicherheit, Zuverlässigkeit, Komfort.
9. Hugo Junkers war maßgeblich an der Schaffung von Fluggesellschaften im In- und Ausland beteiligt. Das förderte nicht nur den Absatz seiner Erzeugnisse, sondern machte ihn auch zu einem Wegbereiter bei der Erschließung neuer Verkehrswege, den Luftstraßen.
10. Junkers sah im Flugzeug das künftige Verkehrsmittel, dessen Wirtschaftlichkeit und Rentabilität erfolgreich mit anderen Verkehrsträgern konkurrieren wird.
11. Nicht nur wirtschaftliche Aspekte sah er in der Luftfahrt, sondern ihm lag als Pazifist auch der Gedanke nahe, dass das Flugzeug ein verbindendes Element sein kann, um mit den Völkern der Erde Wissenschaft und Kultur zu fördern.

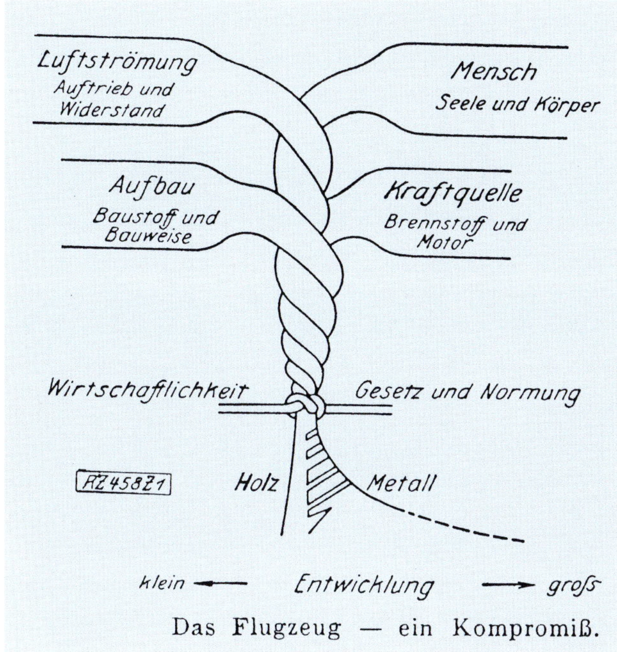

Das Problem des Flugzeugbaus bezeichnete Professor Hugo Junkers als einen Kompromiss, in dem physikalische und psychische sowie naturwissenschaftliche und wirtschaftliche Gesichtspunkte gleichermaßen wirken und einander wechselseitig bedingen.
Dokument: Sammlung des Autors

Auch für die jüngsten Fluggäste gab es besondere Sitzmöglichkeiten.
Foto: Lufthansa

Bereits im März 1932 entstand im Dessauer Flugzeugwerk die Salonausführung einer Ju 52. Der rumänische Prinz Bibesco hatte als Präsident der Fédération Aéronautique Internationale (FAI) ein Reiseflugzeug der Luxusklasse bestellt, das ihm im April 1932 zu seiner vollsten Zufriedenheit übergeben wurde.
Foto: Lufthansa

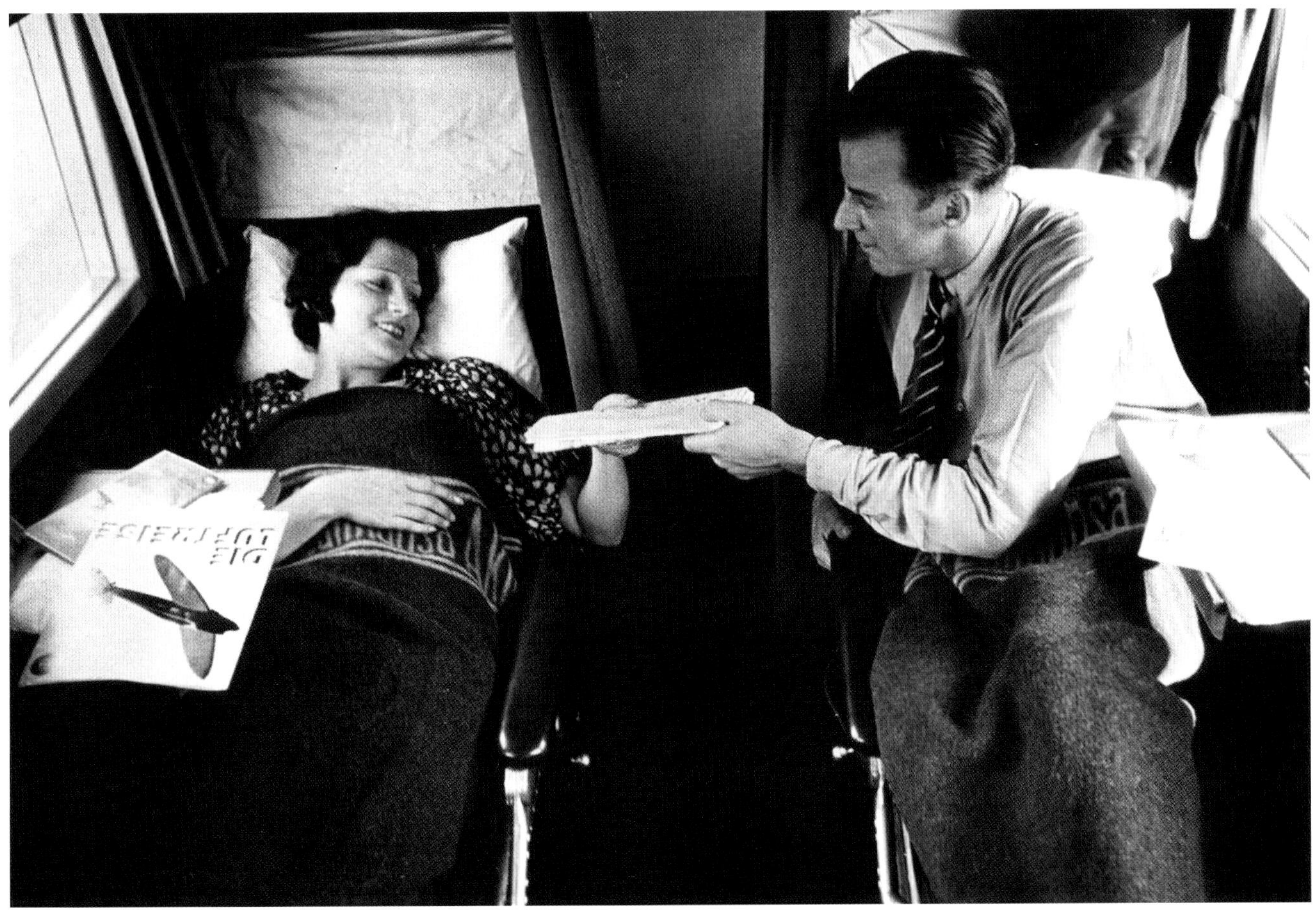

Bei Fern- oder Nachtflügen setzte die Lufthansa auch Ju 52 mit Liegesesseln bzw. Schlafabteilen ein.
Foto: Lufthansa

Neben einer temperierten Be- und Entlüftungsanlage im Flugzeug konnte der Fluggast gegebenenfalls auch noch Frischluft zu sich nehmen.
Foto: Lufthansa

Alle Abbildungen dieser Seite: Über das Verhalten während eines Fluges veröffentlichte die Deutsche Lufthansa im Frühjahr 1937 eine kleine mehrsprachige Broschüre, die der Grafiker Siegwardt in sehr anschaulicher Weise illustrierte.
Fotos: Sammlung des Autors

Bitte anschnallen

Fluggastraum leuchtet vor Abflug und Landung ein Schild auf: „Bitte anschnallen!" — Sie legen dann die beiden an Ihrem Sessel befestigten Gurte um, führen die Lasche des einen durch die Öse des anderen, klappen die Lasche herunter und sichern durch Drehen des Riegels. — Sie lösen diesen Verschluß wieder durch nochmaliges Drehen des Riegels.

Before taking off and before landing, an illuminated notice "Bitte anschnallen!" (Please fasten the belt!) appears in the cabin. You then take the two straps which are attached to the seat, and pass the end of one strap through the loop of the other; secure by turning the fastener. The belt is undone by another turn of the fastener.

Avant l'envol et l'atterrissage un signal s'allume dans la cabine: «Bitte anschnallen!» (Attachez-vous!) Vous vous ceinturez alors avec les deux courroies fixées à votre siège, vous attachez la boucle de l'une à l'agrafe de l'autre, vous rabattez ensuite la boucle et assurez la fermeture en tournant le verrou. Vous détachez la ceinture durant le vol.

Jedes Flugzeug führt eine Flugstreckenmappe mit, die an sichtbarer Stelle in einem Mappenhalter steckt. An Hand der darin enthaltenen Karten können Sie den Verlauf des Reiseweges genau verfolgen, da trotz der hohen Geschwindigkeit alle Einzelheiten der überflogenen Landschaft von oben zu erkennen sind. — In Verbindung mit den Standortmeldungen des Funkers können Sie deshalb jederzeit feststellen, über welchem Gebiet Sie sich augenblicklich befinden.

In every cabin you will find on a shelf a large map on which your airway is exactly indicated. In spite of the high speed you can clearly see from the plane all the details of the places and scenes flown over. In connection with the indications of the wireless operator you can therefore always ascertain which territory you are just flying over.

Vous trouvez dans chaque avion une carte d'itinéraire qui se trouve dans le porte-cartes placé en un endroit bien visible. Sur cette carte vous pouvez suivre exactement la route parce que, malgré la grande vitesse, tous les détails du paysage survolé sont reconnaissables. Par cette carte et par les communications du radio-télégraphiste sur la position de l'appareil vous pouvez toujours constater où vous vous trouvez à l'instant.

Wollen Sie zusätzlich Frischluft haben, so benutzen Sie einen der Zuführungsschläuche, die neben den Sesseln an der Wand befestigt sind. Durch Hochhalten des Schlauches setzt die Frischluftzufuhr automatisch ein. — An Stelle der Luftschläuche sind in einigen Flugzeugen Luftdüsen vorhanden, bei denen die Zufuhr von Frischluft durch Drehen des geriffelten Knopfes erfolgt.

If you desire additional fresh air, make use of the fresh air tubes which are fastened to the walls near the seats. As you lift these tubes, fresh air comes in automatically. Instead of tubes, some planes are fitted with air nozzles which are operated by turning a milled knob.

Voulez-vous un volume d'air frais plus considérable? Prenez un des tuyaux flexibles fixés à la cloison, à côté des sièges, et relevez-en l'extrémité: l'air frais arrive alors automatiquement. Au lieu de ces tuyaux d'aération, quelques avions sont munis d'ajutages qu'on ouvre et ferme à l'aide d'un bouton moleté.

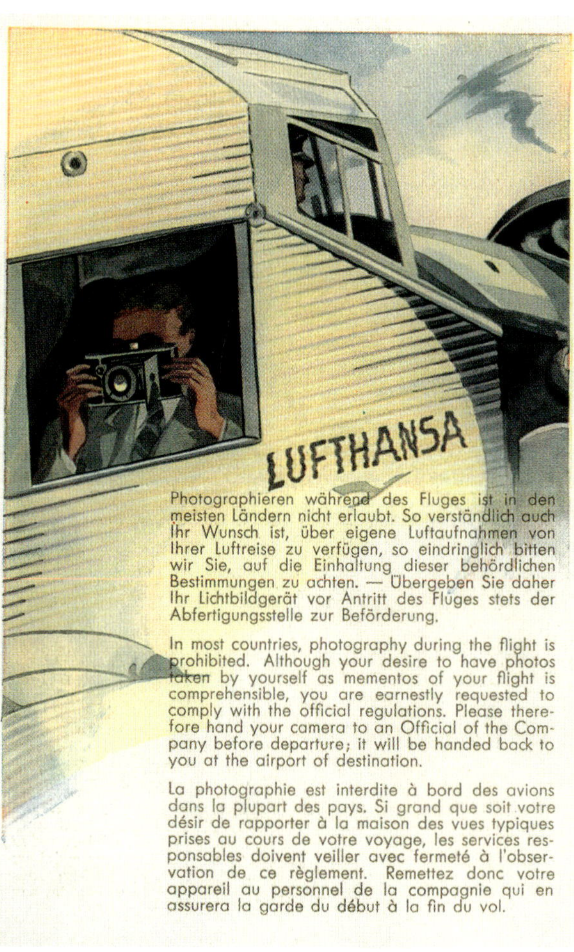

Photographieren während des Fluges ist in den meisten Ländern nicht erlaubt. So verständlich auch Ihr Wunsch ist, über eigene Luftaufnahmen von Ihrer Luftreise zu verfügen, so eindringlich bitten wir Sie, auf die Einhaltung dieser behördlichen Bestimmungen zu achten. — Übergeben Sie daher Ihr Lichtbildgerät vor Antritt des Fluges stets der Abfertigungsstelle zur Beförderung.

In most countries, photography during the flight is prohibited. Although your desire to have photos taken by yourself as mementos of your flight is comprehensible, you are earnestly requested to comply with the official regulations. Please therefore hand your camera to an Official of the Company before departure; it will be handed back to you at the airport of destination.

La photographie est interdite à bord des avions dans la plupart des pays. Si grand que soit votre désir de rapporter à la maison des vues typiques prises au cours de votre voyage, les services responsables doivent veiller avec fermeté à l'observation de ce règlement. Remettez donc votre appareil au personnel de la compagnie qui en assurera la garde du début à la fin du vol.

Entwurf einer Ju-52-Passagierkabine für den Liniendienst der Lufthansa
Zeichnung: Max Lösel/Dessau

Bei den Sonder- und Salonausführungen der Ju 52 befanden sich unmittelbar am Eingang des Fluggastraumes auch eine Garderobe sowie ein Geschirrschrank mit einer Miniküche.
Zeichnung: Max Lösel/Dessau

Ein Blick in den Passagierraum einer Lufthansa-Maschine im Jahr 1935 verrät den Komfort, den die Lufthansa ihren Fluggästen bot.
Foto: Sammlung des Autors

Zusammenstoß der Ju 52/3m D-2201 mit einem Sportflugzeug am 26. Juli 1932 über dem Flugplatz Schleißheim bei München. Trotz schweren Beschädigungen konnte die Maschine ohne Personenschaden glücklich landen.
Foto: Sammlung des Autors

Eine gezielte Reklame wies eindrucksvoll auf die Sicherheit der Junkers-Bauweise hin. Damit konnte so manchem Passagier die Flugangst genommen werden.
Foto: Sammlung des Autors

Wegen Triebwerkschadens musste diese Ju 52 notlanden, Passagiere kamen nicht zu Schaden.
Foto: Sammlung des Autors

Zu den wichtigsten aerodynamischen Weiterentwicklungen an der Ju 52 zählt die ringförmige Verkleidung der drei luftgekühlten BMW 132 T-Sternmotore. Diese ist schwenkbar und auch schnell demontierbar. Große abnehmbare Klappen gewähren einen direkten Zugang zu den drei Motoren und ermöglichen eine optimale Wartung.
Bei Motorenwechsel sind der Mittelvorbau und die beiden Seitenmotorvorbauten durch leicht lösbare Kugelverschraubungen abnehmbar. Mit entsprechender Hebetechnik kann innerhalb kürzester Zeit ein Motor ausgetauscht werden. Auch die zweiflüglige Junkers-Metall-Luftschraube nach Baumuster 9-20020 A-7 mit einem Durchmesser von 2,9 m, im Volksmund kurz „Propeller" benannt, ist im jeweiligen Wartungsturnus leicht und schnell zu wechseln. Sämtliche Verkleidungsbleche sind mit Leder und Hartgummi gepolstert und besitzen ergonomisch geformte Schnellverschlüsse, die nicht unbeabsichtigt geöffnet werden können. Auch die Schließstellungen sind besonders gekennzeichnet. Sicherheit geht vor. Ein vom Junkers-Team entwickelter Service, der von zahlreichen Flugzeugproduzenten übernommen wurde.

Vorwärmen der Motoren mit einem elektrischen Heizluftgebläse im Winterluftverkehr, 1932
Fotos: Lufthansa

Das Betanken einer Junkers Ju 52/3m gehörte zu den routinemäßigen Arbeiten des Bodenpersonals und ging stets schnell und problemlos vonstatten.
Fotos: Lufthansa

Der große Trichter mit einem Feinsieb versehen garantiert Sauberkeit und Sicherheit beim Betanken eines Flugzeuges.
Fotos: Lufthansa

Der Panoramablick eines Ju-52-Piloten gewährt eine nahezu allseitige Sicht.
Foto: Lufthansa

WARTUNG UND INSTANDHALTUNG

Betriebswirtschaftliche Faktoren wie Unterhaltungskosten, Betriebssicherheit und Lebensdauer eines Flugzeuges standen bei der Entwicklung und Projektierung der Junkers Ju 52 im Vordergrund. Auch das Verhältnis von Nutzlast zum Eigengewicht der Maschine war von ausschlaggebender Bedeutung. Kriterien, die auf Wartung und Instandhaltung eines Flugzeuges entscheidenden Einfluss nehmen.

Daher gab es vom Hersteller Junkers Flugzeugbau detaillierte Baubeschreibungen und Ersatzteillisten, in denen die Reparatur- und Instandsetzungsarbeiten eines jeden Flugzeugtyps exakt und übersichtlich beschrieben wurden. Diese sogenannten Betriebshandbücher sind heute für Flugzeugliebhaber gesuchte Sammelobjekte. Siehe dazu auch die Dokumentation ab Seite 174. Standards für Ersatzteile, Baugruppen- und Zubehörteile sowie Betriebsstoffe und Montagehilfsmittel gehörten zur Ausrüstung in den Wartungseinheiten und konnten von den Werken über deren Ersatzteildienst schnell abgerufen werden. Eine heute noch beeindruckende Logistikleistung; Bedingung für schnelle Wartung, Instandhaltung und Reparaturen. Nicht zu vergessen die hochqualifizierten Fachleute, die permanent geschult und in die neuen Technologien eingewiesen werden mussten. Keine Maschine durfte stillstehen, einsatzfähig zu machen für den Flug, das war die große Aufgabe mit Fokus auf Sicherheit für Mensch und Maschine.

Gleichzeitig sollte der Nutzer eines Junkers-Flugzeuges dessen Gebrauchswerteigenschaften und seine Handhabung schnell und zielsicher erfassen. Daher nahmen auch die für den Kunden wichtigen Parameter wie Anwendung, Gebrauchswert, Funktion, Konstruktion und Wirtschaftlichkeit unter dem Gesichtspunkt der Wartung und Instandhaltung einen hohen Stellenwert ein. So setzte Hugo Junkers Akzente mit einer bis ins kleinste Detail ausgefeilten Servicefreundlichkeit und Produktreklame. Voraussetzung zur praktischen Anwendung im Sinne der Qualität, Sicherheit und Zuverlässigkeit: Grundsätze der Junkers-Firmenphilosophie.

Eine Lufthansa-Ju 52 zeigt Flagge.
Foto: Lufthansa

Modisch reisen: Fliegen wurde nun die Form des modernen Reisens. Komfortabel, sicher und schnell waren die Prämissen. Dazu gehörte auch eine entsprechende modische Kleidung, die den Aspekt des sportlich-dynamischen Typs zum Ausdruck brachte. Während in der Pionierzeit der Verkehrsfliegerei die Fluggäste auf das Tragen von warmer Bekleidung hingewiesen wurden, ermöglichten die klimatisierten und beheizten Flugkabinen nun das Tragen von schicken Kombinationen, eleganten Anzügen, feinen Blazern mit modischen Accessoires. Die Reisekoffer, elegante Gepäckstücke aus feinstem Material oder aus leichtem Aluminium; prima, wenn man sie mit einem Aufkleber von beliebten Fluggesellschaften verschönern konnte. Diese selbst erschienen in edlen Uniformen, in Farben, die zugleich Kennzeichen der Airlines waren. Die Deutsche Lufthansa ist immer noch an ihren Farben blau/gelb zu erkennen.
Auch das Interieur und die Bewirtungsgegenstände, Teller, Tassen, Gläser, Bestecke waren den Bedingungen des Luftreisens in jeder Hinsicht angepasst und entzückten in edlem Design den Fluggast. Die von der Bauhäuslerin Marguerite Wildenhain-Friedlaender gestaltete „fliegende Junkers-Tasse“ aus Porzellan, bei der die Obertasse mit Getränk unfallsicher in eine mit einem Aufnahmeloch versehene Untertasse gesteckt werden konnte, war 1931 sensationell. Es entwickelte sich ein ganz neuer Zweig der Modebranche, der des Luftreisebedarfes für Piloten und Fluggäste, welcher erfolgreich das besondere Ambiente des Luftreisens modisch umsetzte.

Mit solchen Reklamefotos stellte die Lufthansa das Fliegen als Teil eines zeitgemäßen Alltags dar.
Fotos: Sammlung des Autors

Weltweit eine Flugzeug-Ikone

Zum Zeitpunkt ihrer Entwicklung war die Junkers Ju 52/3m ein technisches Highlight. In einem aerodynamisch gestalteten Design präsentierte sich ein technisches Produkt, das den Zeitgeist und den Leistungswillen einer ganzen Generation repräsentierte. Begriffe wie Innovation, technischer Fortschritt, naturwissenschaftliche Erkenntnisse und der Glaube an die scheinbar grenzenlosen Entwicklungsmöglichkeiten durch die Technik galten als Inbegriff eines modernen, zeitgemäßen Lebens. Dazu gehörte auch die Geschwindigkeit als ein Attribut der Technik in ihrer gesteigerten Form: Eisenbahn – Automobil – Flugzeug.

Mobilität zu steigern, war die Anforderung an die Technik, um schnell und sicher räumliche Distanzen zu überwinden. Dabei ist jedes Verkehrsmittel an sich auch stets Abbild seines Zeitalters, charakterisiert eine bestimmte Epoche unserer technischen, wirtschaftlichen und kulturellen Entwicklung. Unter diesem Gesichtspunkt sah man auch das Flugzeug. Ja, mehr noch. Im Zeitgeist der Pionierjahre der Luftfahrt verkörperte das Flugzeug an sich einen technischen Mikrokosmos, der ausschließlich dem Willen des Menschen zu gehorchen hatte. Wie kein anderer Schriftsteller hat der Pilot Antoine de Saint-Exupéry in seinen Büchern dieses Gefühl beschrieben.

FLIEGEN – EINE NEUE ERFAHRUNG

Innerhalb weniger Jahre hatte sich das Flugzeug zu einem bedeutenden und länderübergreifenden Verkehrsmittel entwickelt. Die Fluggesellschaften verstanden sich in erster Linie als Dienstleistungsunternehmen, die den Passagierflug und den Warentransport organisierten und durchführten. Aus anfänglichen, abgesteckten Wiesenflächen als Start- und Landebahn und aus Holzbaracken als Flugterminals entstanden an den Randlagen der Großstädte schnell moderne Flughäfen mit einem entsprechenden Service. Dieser begann mit einem dem Verkehrsmittel Flugzeug angemessenen Zubringerdienst durch Autobusse, Bahn und Taxen. Vom Flugplatz aus waren Stadt und Umland schnell zu erreichen. Einige Fluggesellschaften, wie die Lufthansa, richteten für ihre Passagiere einen kostenlosen Zubringerdienst ein. Andere Dienstleister zogen nach. Die Flughäfen boten Übernachtungen an, unterhielten Restaurants, Kioske, Reisebüros, Postamt, Buchhandlung, Souvenirgeschäfte, Friseur etc. und eine Polizeistation. Selbstverständlich besaß Berlin-Tempelhof den größten und modernsten Flughafen auf dem Kontinent. Aber auch Städte wie Königsberg, Halle/Leipzig, München, Hamburg, Köln, Dresden, Stuttgart oder die beiden Rhein/Ruhr-Flughäfen Düsseldorf und Essen hatten attraktive Anlagen. Auf den Flughäfen im internationalen Luftverkehr bot sich ein ähnliches Bild. Jedes Land und jede Stadt präsentierte sich in ihrer regionalspezifischen Art und Weise. So besaß jeder Flughafen seinen eigenen unverwechselbaren Charme.

DIE JU 52 – EIN BELIEBTES FLUGZEUG

In den Dreißigerjahren war die Junkers Ju 52 eines der meistgeflogenen Flugzeuge. Nicht nur bei der Deutschen Lufthansa, sondern auch im internationalen Flugverkehr wurde sie zum Symbol für Innovationskraft, Qualität und Zuverlässigkeit. Hinzu kamen die zahlreichen Pionierflüge, über deren Ergebnisse und Leistungen in allen internationalen Zeitungen große Artikel und Bildfolgen erschienen. Auch

Begeisterte Jugend bei den Kinder-Rundflügen der Lufthansa, wie hier in Berlin-Tempelhof, 1936.
Foto: Lufthansa

Fliegen ist wahrscheinlich eine der großen Leidenschaften prominenter Personen. Daher sind oft berühmte Gäste in einem berühmten Flugzeug zu sehen. So repräsentiert die Tänzerin, Schauspielerin und Filmregisseurin Leni Riefenstahl Zeitgeschichte und ist ein Teil derselben. 1936, im Jahre der XI. Olympischen Spiele in Berlin, flog sie mit einer Ju 52. Das dabei entstandene Foto zierte zahlreiche Zeitungen und Illustrierte.
Foto: Lufthansa

Firmen wie das Bayer-Unternehmen in Leverkusen, die C. Lorenz AG in Berlin oder die Deutsche Reichsbahn-Gesellschaft DR flogen mit einer Ju 52/3m als „Industrieflugzeug" und nutzten ihre Wirtschaftlichkeit. Viele Firmen warben mit ihr, nutzten sie erfolgreich als „fliegende Reklame".

Der Transport des olympischen Feuers von den heiligen Stätten in Griechenland über Athen nach Berlin mit der Ju 52/3m D-ALYL „XI. Olympische Spiele" war eine gelungene PR, die weltweit zur Popularität dieses Flugzeugtyps beitrug.

Hohe Anerkennung neben der Leistungsfähigkeit der Maschine erwarben sich ihre Piloten. Deren fliegerische Leistungen z. B. im Fernliniendienst der Lufthansa überwanden die Hochgebirge der Alpen und Pyrenäen. Sie bildeten keine Hindernisse mehr und Ost- und Nordsee wurden täglich mehrmals im Linienflug mit der Ju 52 überflogen. Etwas anders sah es im Flugstreckennetz nach Afrika und Asien aus. Tropische Klimabedingungen und hoch aufragende Gebirge stellten große Anforderungen an Mensch und Maschine. Die am 29. Oktober 1937 eröffnete Fernfluglinie Orient-Asien von Berlin über Athen nach Bagdad und im Frühjahr 1938 über Teheran nach Kabul verlängert, war im asiatischen Teil wetterseitig schwierig zu fliegen. Der Erkundungsflug der Ju 52 D-ANOY „Rudolf von Thüna" im August 1937 von Kabul über den Himalaya, das „Dach der Welt", nach China bis Sian, war eine flugtechnische Meisterleistung. Der geografisch schwierige Teil, der 5.400 Meter hohe Whakan-Pass war überflogen und damit das Fernziel, der Anschluss nach Schanghai am ostchinesischen Meer, näher gerückt. Die Piloten verwirklichten damit einen Traum von Prof. Junkers. Auch wirtschaftspolitisch wichtig, denn das deutsch-türkische Projekt der Bagdadbahn zu Beginn des 20. Jahrhunderts war realisiert worden, und nun konnten auch auf dem Luftwege neue Handelsrouten erschlossen werden. Mit Pionier- und Forschungsflügen über Griechenland, die Türkei, Irak, Iran sowie

Sommerflugplan 1937 der Deutschen Lufthansa ab Berlin im europäischen Flugverkehr.

Winter-FLEI-Verkehrsplan 1937/38 für den kombinierten Luftexpress-Eisenbahn-Gütertransport der DLH und DR innerhalb Deutschlands und den Großflughäfen Europas.

Reklame der Metall-Spielwaren-Fabrik Märklin aus dem Jahr 1936 für zeitgemäße Verkehrsmöglichkeiten wie Fliegen mit der Junkers Ju 52, Reisen mit einem Schnell-Eisenbahnzug oder Rennwagen vom Typ Silberpfeil.
Alle Fotos der Seite: Sammlung des Autors

Ende 1937 entstand mit diesem Reklameplakat der Deutschen Lufthansa eine Reduktion auf drei wesentliche Gestaltungsmerkmale: der Kranich als Firmenlogo, das Standardflugzeug der Fluggesellschaft vom Typ Junkers Ju 52/3m und einem Schriftzug im Zeichen des Zeitgeistes.
Foto: Sammlung des Autors

Den Werbespruch: Wir fliegen „Auch im Winter" übernahm die Deutsche Luft Hansa vom Junkers-Luftverkehr und verwendete ihn erfolgreich ab 1933 in verschiedenen Bildvarianten für den Flugzeugtyp der Junkers Ju 52.
Foto: Sammlung des Autors

Auch auf Speisekarten und Kellnerblocks war die Ju 52 zu finden, Graphik: H. Leu.
Foto: Sammlung des Autors

Luftfrachtbrief

Nr. ____________

von **Berlin**

nach

____

Gewicht: ____________ kg

Werbung 39/III. 37. OIEL — Gedruckt in Deutschland — Printed in Germany — Imprimé en Allemagne

In den 1930er-Jahren ein alltäglicher Luftfrachtbrief mit dem Bild einer Ju, heute eine begehrte Sammlerrarität.
Foto: Sammlung des Autors

Die Junkers-Stadt Dessau zeigte in ihrer Reklame wiederholt Ju-52-Motive.
Foto: Sammlung des Autors

Rheinlandschaft mit der Ju 52 „Boelcke“, Werk-Nr. 4013, eine historische Fotomontage von 1933
Foto: Lufthansa

Indien, Afghanistan und von Tibet nach China begann Junkers bereits in den 1920er-Jahren. Der lange Seeweg sollte mit Luftlinien überbrückt werden, eine wirtschaftliche Zielsetzung, die auch im Interesse anderer Fluggesellschaften wie der Eurasia Aviation Corporation lag, zu deren Flugzeugpark ebenfalls Junkers Ju 52/3m gehörten. Nicht auszuschließen waren Vorkommnisse, die die Piloten vor ganz andere Herausforderungen stellten. Bei einem ihrer Flüge gerieten sie in einen bewaffneten Aufstand, wurden wochenlang gefangen gehalten, das war ernst und dramatisch. Doch sie hatten eine große fliegerische Glanztat vollbracht, wie sie der Flugkapitän und Lufthansa-Direktor Freiherr von Gablenz in seinen Erinnerungen beschrieb: „Ich habe das Gefühl, als kratzten die Flügel der D-ANOY bereits die Felswand.“

Auch der Junkers-Rund-Afrika-Flug vom 21. Oktober bis zum 4. Dezember 1937 mit der Ju 52/3m D-AMUO verfolgte das Ziel, durch einen Pionierflug neue Fluglinien und Absatzmärkte zu erschließen. In 136 Flugstunden wurden über 28.000 Kilometer zurückgelegt. Die hochkarätig besetzte Flugmannschaft um den Generaldirektor der Junkers-Flugzeug- und Motorenwerke AG Dessau (JFM) Heinrich Koppenberg wurde zusammen mit ihrer Ju 52 überall als „ein guter Botschafter“ begrüßt.

Am 22. April 1939, um 0. 46 Uhr, startete die Ju 52 DANJH „Hans Loeb“, Werk-Nr. 5947, mit der Besatzung Freiherr von Gablenz, Flugkapitän Alfred Helm, dem Funker Walter Kober und dem Flugmaschinisten Wolschke sowie Fluggästen aus Wirtschaft und Handel vom Flugplatz Berlin-Tempelhof zu einem weiteren, sich über 34.000 Kilometer erstreckenden

Fernflug nach Asien. Nach 3.050 Flugkilometern landete sie am gleichen Tag zunächst in Beirut auf dem im Zeitgeist der Moderne eingerichteten Flughafen. Weitere Stationen auf dem Weg nach Tokio waren Basra, Jodhpur, Kalkutta, Bangkok, Hanoi, Hongkong und Taihoku. Überall wurde die Mannschaft mit ihrer Ju 52/3m in der gleichen begeisterten Weise begrüßt und gefeiert. Am 22. Mai traf die Maschine ohne Beanstandung von Zelle und Motor wieder in Berlin-Tempelhof ein. Das Lob der Besatzung und der Passagiere über diese Leistung ihres Flugzeuges war einstimmig.

Umso mehr wog die Anerkennung des Auslandes über die Qualität und Technik „Made in Germany". So konnte die Lufthansa noch vor Beginn des Zweiten Weltkrieges ihr Linienflugnetz bis nach Bangkok erweitern.

Doch besonders bewährte sich die Junkers Ju 52/3m innerhalb der südamerikanischen Fluggesellschaften. Im ständigen Liniendienst mit einem Auslastungsgrad von 100 Prozent leisteten die Flugzeuge Erstaunliches, wenn man bedenkt, dass einige Flugplätze in Bolivien Höhenlagen bis zu 4.000 Meter erreichten und regelmäßig Hochgebirgsstrecken zu passieren waren. In den hohen Bergketten der Kordilleren auf den Flugstrecken Lima – La Paz zwischen Bolivien und Peru sowie über die Anden zwischen Chile und Argentinien von Santiago nach Buenos Aires traten fast das ganze Jahr über Schneestürme bzw. Luftturbulenzen auf, die mit der Ju 52/3m gemeistert werden mussten. Den Piloten und Maschinen wurde viel abverlangt, berichteten die Junkers-Nachrichten im September 1939, „doch ist bis heute noch niemals ein Flug mit der Ju 52 auf diesen Strecken ausgefallen,

In Warteposition: Die Ju 52 war das meistgeflogene und beliebteste Flugzeug der 1930er-Jahre, und das nicht nur bei der Lufthansa.
Foto: Lufthansa

Die D-ANYF „Erich Pust", Werk-Nr. 4071, überflog stets die Alpen im Linienflug Berlin–München–Venedig–Rom.
Foto: Lufthansa

selbst wenn alle anderen ebenfalls dort fliegenden Gesellschaften für Tage ihren Betrieb einstellten."

In Brasilien existierten drei Fluggesellschaften, zu deren Flugzeugpark natürlich auch Junkers Ju 52/3m gehörten. Ob im Amazonasgebiet, in den Weiten der endlos erscheinenden Ebenen des Landes oder in den Höhen der Bergwelt, überall flog die Ju 52 beständig und zuverlässig rund um die Uhr ihre Wegstrecken. Teilweise mussten große Entfernungen überbrückt werden. Allein die Fluglinie entlang der Küstenstädte besaß eine Länge von 4.230 Kilometern. Egal ob als Landvariante oder mit Schwimmer als Wasserflugzeug, die Ju 52/3m war stets einsatzbereit. Daher kommentieren die Junkers-Nachrichten im erwähnten Septemberheft: „Kein Wunder also, dass es heute im Weltluftverkehr am meisten und am liebsten geflogen wird. Stolz trägt sein Seitenleitwerk die Fahnen von 26 Nationen, und immer noch erweitert sich der Kreis, weil der erfahrene Verkehrsfachmann seinen Fluggästen nichts Sichereres bieten kann. Ein Kundendienstnetz spannt sich über die Erdteile; im Werk geschulte Monteure stehen überall zur Verfügung. Ein Flugzeug erobert sich die Welt."

Danach folgt das Resümee, dass „in unseren Tagen Staatsoberhäupter, Minister und hohe Beamte dieses schöne Verkehrsmittel genau so selbstverständlich benutzen wie Kaufleute und Touristen aus aller Herren Länder."

Die D-AUWA „Gerhard Amann“ auf dem Londoner Flughafen Croydon
Foto: Lufthansa

Startvorbereitung zum Nachtflug der D-2650 „Fritz Rumey“, Werk-Nr. 4029, von Berlin-Tempelhof nach Königsberg, 1933
Foto: Lufthansa

Das Luftschiff LZ 127 „Graf Zeppelin“ und die Junkers Ju 52/3m galten in den 1930er-Jahren als Inbegriff des modernen Reisens.
Foto: Lufthansa

Die Ju 52 „Wilhelm Cuno“ im Landeanflug
Foto: Lufthansa

Start der D-2202 „Richthofen“, Werk-Nr. 4015, im Liniendienst der Luft Hansa, 1932
Foto: Lufthansa

In Fachzeitschriften und Literatur fand der Afrikaflug eine große Resonanz.

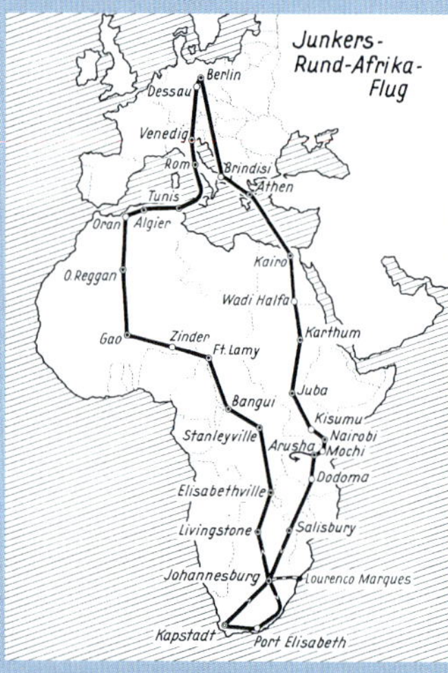

Karte zum Rund-Afrika-Flug der Ju 52 D-AMUO vom 21. Oktober bis zum 4. Dezember 1937.
Fotos auf dieser Seite: Sammlung des Autors

FISCHER VON POTURZYN

Rund-Afrika-Flug

SCHÖBEL

28000 km Luftreise mit Junkers
D-AMUO

RICHARD PFLAUM VERLAG, MÜNCHEN

Flugteilnehmer des D-AMUO Rund-Afrika-Fluges, von links: Bordfunker Klaproth, Fischer von Poturzyn, Dr. Koppenberg, General Iserentant, Dipl.-Ing. Auerswald, Obermaschinist Rivinius, Flugkapitän Rother, Hauptmann von Morcau

Im Flugliniennetz Südafrikas der 1930er-Jahre kamen vorzugsweise Ju 52 wegen ihrer Sicherheit und Zuverlässigkeit sowie ihres Komforts zum Einsatz.
Fotos: Sammlung des Autors

Überführung von Junkers Ju 52/3m von Dessau nach Johannesburg für die South African Airways im Oktober 1934
Foto: Lufthansa

Pioniergeist und Technik faszinieren stets aufs Neue. Kaum ein anderes Flugereignis hat 1937 die Menschen so bewegt wie der Pionierflug einer Ju 52/3m über das Himalaja-Gebirge, dem Dach der Welt. Die dreiköpfige Besatzung mit Robert Untucht, Freiherr Carl August von Gablenz und Karl Kirchhoff wurde nach ihrer Rückkehr in Berlin wie Helden gefeiert.
Foto: Lufthansa

In China, dem Reich der Mitte, flog die Eurasia verstärkt mit Ju-52-Maschinen. In diesem großen Land wurde die legendäre Ju zu einem Symbol hochgeschätzter deutscher Wertarbeit.
Foto: Lufthansa

Auf allen Hauptflugstrecken Südamerikas war in den 1930-Jahren stets die Ju 52 präsent. Auch die 1938 gegründete „Lufthansa-Peru“ flog ausschließlich mit diesem Flugzeugtyp.
Foto: Lufthansa

Eines ihrer besten Werbeplakate und Reklamekarten brachte die Lufthansa 1937 heraus, die sogenannte „Postkutschen-Ju“. *Grafik: Ullmann*

Reklamefaltblatt der Lufthansa mit der Ju 52 für die Imperial Airways Limited in London. *Grafik: Kükenthal, 1937*

Auch ausländische Fluggesellschaften wie die schwedische A.-B. Aerotransport, verwendeten gern Junkers-Maschinen in ihrer Werbung. *Grafik: A. Beckmann*

Plakat der DLH mit einer Junkers Ju 52/3m für den Sommerflugplan 1933. Entwurf. K. Siegwardt
Foto: Lufthansa

Logos der internationalen Fluggesellschaften, in deren Liniendienst Ju 52/3m im Einsatz waren.
Alle Fotos dieser Doppelseite: Sammlung des Autors

Gepäckaufkleber mit dem Ju-52-Motiv, früher wie heute eine beliebte kleine Erinnerung an eine Luftreise.

Am 3. Februar 1934 eröffnete die Lufthansa mit der Ju 52/3m „Zephyr“ den planmäßigen Luftpostdienst nach Südamerika.
Foto: Lufthansa

Ju 52/3m – D-ADHU als fliegende Reklame im Dienst des Pharmaunternehmens Bayer in Leverkusen
Foto: Sammlung des Autors

Werbung für eine Ju 52/3m mit Schwimmer, die ab 1932 im Gütertransportflug der Scandinavian Air Express zwischen den Flughäfen der Hauptstädte Stockholm, Helsinki und Reval zum Einsatz kam.
Foto: Sammlung des Autors

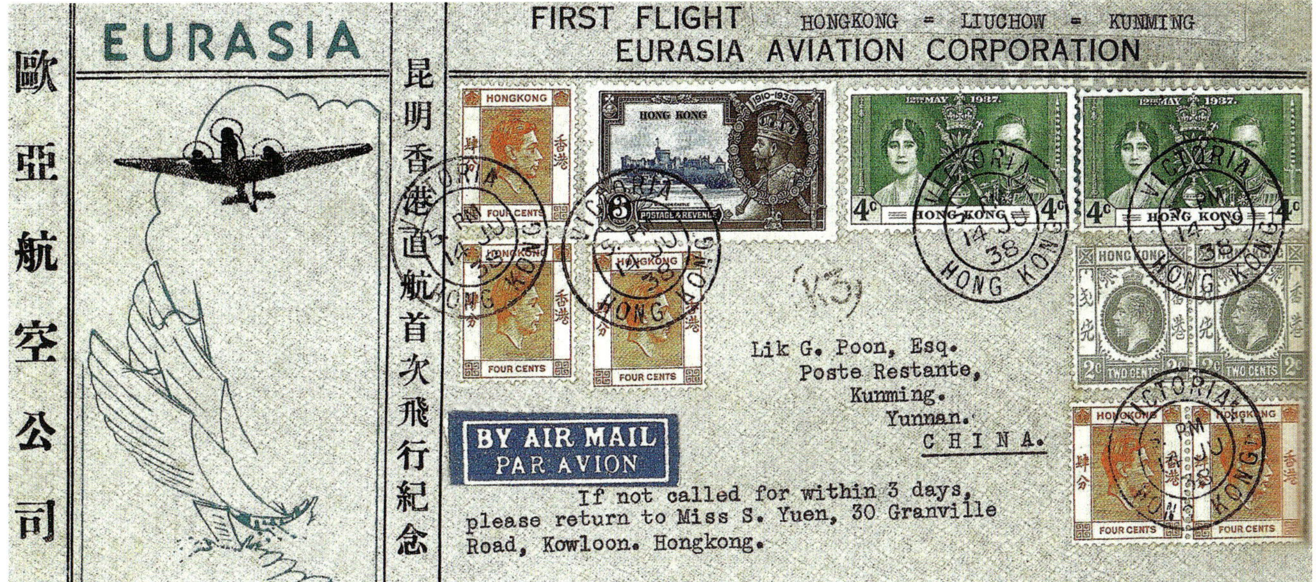

Die Air Eurasia flog in China, dem Reich der Mitte, vorrangig mit Maschinen vom Typ Junkers Ju 52/3m, die bei den Passagieren aufgrund von Sicherheit, Komfort und Service sehr beliebt waren.
Foto: Lufthansa

Flugpostbeleg vom 14. Juni 1938 der Eurasia Aviation Corporation von Britisch-Hongkong über Chiuchow nach Kunming in Zentralchina.
Foto aus dem Buch „Eurasia – Junkers & Lufthansa in China 1931–1943“, GeraMond Verlag, München 2006

„Tante Ju" – das fliegende Denkmal

Weltweit besaßen bis 2018, bzw. 2019 noch acht Junkers Ju 52/3m das Zertifikat ihrer Flugtauglichkeit und trugen stolz das Corporate Identity aus der Pionierzeit der Verkehrsluftfahrt. Die bekannteste Maschine ist die „D-AQUI" mit dem registrierten Kennzeichen D-CDLH. Das Traditionsflugzeug der Deutschen Lufthansa Berlin-Stiftung konnte am 6. April 2016 seinen „80.Geburtstag" feiern und besitzt seit August 2015 den Status eines fliegenden Denkmals.

In der Schweiz flogen bis 2018 noch vier Maschinen unter dem Label der JU-AIR mit den Kennungen HB-HOP, HB-HOS, HB-HOT und HB-HOY, die in Dübendorf bei Zürich stationiert sind. Die HB-HOY ist ein Lizenzbau, die 1949 in Spanien als CASA 352 A-3 gefertigt wurde. Nach ihrer Restaurierung und Erreichung des Zertifikates der Flugfähigkeit wurde sie von 1991 bis 1997durch die JU-AIR betrieben. Seit dem Frühjahr 2013 ist die Maschine am Flughafen Mönchengladbach stationiert und gehört zum Verein der Freunde historischer Luftfahrzeuge e. V.

Ein weiterer Lizenzbau der Ju 52 vom Typ CASA 352 ist unter dem Kennzeichen F-AZJU seit 2003 wieder flugfähig und in Frankreich zugelassen. Der ehemalige Militärtransporter der deutschen Wehrmacht konnte mit Unterstützung der EADS und der Deutschen Lufthansa Stiftung-Berlin im Auftrag der Firma Amicale J.B. Salis sorgfältig und detailgetreu wiederhergestellt werden. Stationiert ist die Maschine auf dem Flugplatz in La Ferté-Alais, südlich von Paris.

In Johannesburg fliegt bei der South African Airways eine Lizenz-Ju 52 vom Typ CASA 352 mit dem Kennzeichen ZS-AFA unter dem Namen „Jan van Riebeeck". Eine Erinnerung an den niederländischen Schiffsarzt und Kaufmann, der im 17. Jahrhundert in Südafrika die Kapkolonie gründete und Kapstadt planmäßig anlegen ließ. Bereits in den 1930er-Jahren flog eine Ju 52 der SAA unter diesem Namen. Jedoch war die Maschine, wie auch die anderen Junkersflugzeuge der 1929 mit Beteiligung der Dessauer Junkers-Werke gegründeten Airways zu Beginn des Zweiten Weltkrieges durch die Engländer beschlagnahmt worden. Aus Anlass des 50-jährigen Bestehens der South African Airways im Jahr 1979 kaufte die Fluggesellschaft in England eine CASA 352 und ließ diese in Erinnerung an die historische Maschine von 1934 originalgetreu rekonstruieren. Geschmückt mit einem Porträt van Riebeecks unmittelbar am Durchgang zum Cockpit fliegt die Maschine für die SAA Histo-

Junkers Ju 52/3m, D-AQUI, Traditionsflugzeug der Deutschen Lufthansa Stiftung Berlin
Foto: Lison/Lufthansa

Bereits 1931 flog eine einmotorige Ju 52 im Liniendienst der South African Airways die Strecke Windhoek–Kimberley. Ende der Dreißigerjahre besaß die Fluggesellschaft elf der bewährten Ju 52/3m-Maschinen. Übrig geblieben ist eine noch heute zugelassene Ju 52, die „Jan van Riebeeck“. Zur Freude zahlreicher Flugzeugliebhaber zieht sie oft über dem afrikanischen Kontinent ihre Kreise und findet stets auch neue begeisterte Anhänger.
Foto: Fraport, Luftfahrthistorische Sammlung

ric Flight rund um Kapstadt und über die schönsten Landschaften Südafrikas. Heimatflughafen ist die Air Force Basis in Swartkop, wo sich auch das SAA-Historic Flight Museum befindet.

Auch in den USA befindet sich eine flugfähige Lizenz-Ju 52 vom Typ CASA 352L mit dem amerikanischen Kennzeichen N352JU. Betreiber der Maschine ist die „The Great Lakes Wing“, Commemorative Air Force des National Museums of the United States-Air Force. Stationiert ist das Flugzeug auf dem Gary Regional Airport in Indiana.

In welchem Land die Junkers Ju 52 auch immer fliegt, sie bringt die Faszination der frühen Luftfahrt mit. Zu Recht ist sie 2015 mit dem seltenen Prädikat eines „fliegenden Denkmals“ bedacht worden, dieses Zeugnis genialer Technik. Mehr noch! Es war der Wunsch und das erklärte Ziel des Luftfahrtpioniers und Weltbürgers Prof. Hugo Junkers, die Völker aller Kontinente einander näher zu bringen, damit sie in einer besseren, vor allem friedlicheren Welt leben, in der Wissenschaft, Wirtschaft und Kultur gedeihen können. Hugo Junkers selbst machte sich zu einem engagierten Sprecher der friedlichen Nutzung der

Als eines der ältesten noch fliegenden Passagierflugzeuge der Welt erhielt die Ju-52-Traditionsmaschine der Lufthansa 2015 eine äußerst seltene Auszeichnung. Das 1936 in den Junkers-Flugzeugwerken gebaute Oldtimer-Flugzeug, liebevoll als „Tante Ju“ bezeichnet, wurde vom Amt für Denkmalschutz der Hamburger Kulturbehörde als „bewegliches Denkmal“ unter Schutz gestellt. Hamburgs Erster Bürgermeister Olaf Scholz überreichte die Denkmalschutzplakette an Dr. Jürgen Weber, den Ehrenvorsitzenden des Aufsichtsrats der Deutschen Lufthansa AG, und an Bernhard Conrad, den Vorstandsvorsitzenden der Deutschen Lufthansa Berlin-Stiftung. In der Begründung hieß es: „Die Ju 52 besitzt eine große luftfahrthistorische Bedeutung als eines der letzten und gut erhaltenen Beispiele dieses damals im Hinblick auf seine Konstruktion neuartigen Motorflugzeugtyps, der nicht umsonst seinerzeit lange Jahre ein Erfolgsmodell und Verkaufsschlager war.“ *Foto: Deutsche Lufthansa Berlin Stiftung*

Sie fliegt wieder!
Foto: Plath/Lufthansa

Über der Burg Karlstein bei Prag am 6. Mai 2001
Foto: Bondzio/Lufthansa

Eine Fotografie, die so nicht mehr gemacht werden kann: die D-AQUI vor dem World Trade Center im September 1990.
Foto: Lufthansa Bildarchiv

Mit der Berlin-Tempelhof über Berlin
Foto: Rebenich/Lufthansa

Luftfahrt: „Lassen Sie uns das Flugzeug zu einem Kampfmittel froher Menschlichkeit machen, welches allen Menschen und allen Nationen Segen bringt und allen Menschen und allen Nationen zusteht. Das ist der Weg, der uns zu einem wirklichen, einem dauerhaften Aufstieg führt."

FREUNDE AUF DER GANZEN WELT

Seitdem die alte Dame „Tante Ju", die D-AQUI, ab 1986 wieder fliegt, wächst ihre Beliebtheit weiter und weiter. Das zeigt sich auch beeindruckend im europäischen Ausland. 1988, als Gast zum Jubiläum des Flughafens nach Helsinki eingeladen, legte sie eine Flugstrecke von rund 1.100 km zurück. Von Hamburg aus flog sie die skandinavische Linie Linköping und Stockholm. Auf jeder Zwischenlandung wurde sie von vielen begeisterten Zuschauern begrüßt; nicht selten mit lang anhaltendem Beifall für Maschine und Crew. Mit diesem überwältigenden Erfolg hatte niemand gerechnet. Auch im Rahmen des mitteldeutschen Rundflugs im Frühjahr 1990, der aufgrund alliierter Bestimmungen erst mit der politische Wende möglich war, besuchte die JU 52 Städte in der ehemaligen DDR. Nicht nur in Berlin, dem Standort der Ju 52, sondern auch in Dresden, Leipzig und anderen Städten des Ostens wurde sie mit großem Jubel

Eine Reverenz an die tschechische Hauptstadt und die goldene Stadt Prag an der Moldau am 6. Mai 2001
Foto: Bondzio/Lufthansa

empfangen. Ganz besonders aber in Dessau, Heimat der Junkers-Flugzeuge, steigerte sich der Besuch der „Tante Ju" zu einem wahren Volksfest. Tausende Zuschauer und Flugzeugenthusiasten, die in irgendeiner Weise auch persönlich mit dem Flugzeug verbunden waren, säumten das Rollfeld. Es waren bewegende, unvergessliche Momente, als nach 45 Jahren erstmals wieder eine Junkers Ju 52/3m auf dem historischen Werksflugplatz der Junkers-Werke landen konnte.

Noch im gleichen Jahr startete die D-AQUI zu einer USA-Tournee, die Ende Juli auf dem weltberühmten Oldtimertreffen der Veteranen der Lüfte in Oshkosh begann. In 34 Städte führte diese Reise, stets von Abertausenden begeisterten Fans bewundert und gefeiert, bis sie in Seattle an der Pazifikküste endete. Dort, in der Heimat der Boeing-Flugzeugwerke, übernahm die Lufthansa am 24. Februar 1991 die 2.000ste gefertigte Maschine „Boeing 737" für ihre Luftflotte. Zur Erinnerung, von der Ju 52/3m sind damals rund 5.000 Maschinen gebaut worden. Natürlich kann man diese Zahlen nicht ohne Weiteres miteinander vergleichen, da sie doch verschiedene Zeitepochen und Entwicklungsstufen der Luftfahrt charakterisieren. Doch interessant ist es schon, zu wissen, dass die Junkers Ju 52/3m ein Verkehrsflugzeug war mit den wahrscheinlich weltweit am meisten gefertigten Stückzah-

Eine linke Steilkurve und wieder sieht der Passagier die Landschaft aus einem anderen Blickwinkel.
Foto: Bondzio/Lufthansa

len. Daher bildete die Traditionsmaschine der Lufthansa Berlin-Stiftung den historischen und würdigen Rahmen für die Feierlichkeiten bei der Übergabe der Boeing 737 an die Deutsche Lufthansa AG. Das sich unmittelbar daran anschließende „Rendezvous der Lüfte“ mit dem High-Tech- Flugzeug der Gegenwart und der dreimotorigen Junkers-Flugzeuglegende aus Dessau vor der Küste von Seattle am 7. Februar 1991 war sehenswert und eine Reverenz an zwei Flugzeugtypen, die zu den bekanntesten Verkehrsflugzeugen in der Internationalen Luftfahrt gehören.

Seit 2015, wie bereits erwähnt, wurde die Junkers Ju 52/3m D-AQUI als ältestes weltweit noch fliegendes Verkehrsflugzeug als „bewegliches Denkmal“ geschützt. Diese Einstufung erfolgte durch das Amt für Denkmalschutz der Hamburger Kulturbehörde und ist wohl weltweit einmalig in dieser Form. Damit hat die Ju 52 innerhalb der Luftfahrtgeschichte einen besonderen Status erhalten. Ein Flugzeug, das mit einem Platzangebot für rund 16 Passagiere und einer Höchstgeschwindigkeit von cirka 250 km/h im Vergleich zu einem modernen Groß-Airliner der Gegenwart zwar wie eine Amsel neben einem Adler wirkt, dem man aber als Flugzeuglegende des vorigen Jahrtausends Bewunderung und großen Respekt zollt. So ein vergleichendes „Rendezvous“ war 2011 für tausende Besucher und Gäste beim Hamburger Hafengeburtstag hautnah zu erleben, als bei der Air-Show die Ju 52 D-AQUI gemeinsam mit einem Airbus A380 flog.

Einen originellen und romantischen, aber doch amtlichen Auftrag hatte „Tante Ju“ im Juli 2015 zu erfüllen. Im Rahmen eines Rundfluges über Büren wurde sie zum „Standesamt“ und flog mit Hochzeitsgästen, Trauzeugen und Standesbeamtin an Bord das Brautpaar in den „Siebten Himmel der Liebe“.

Einen Rekord in Zuverlässigkeit und Sicherheit kann die D-AQUI ebenfalls für sich verbuchen. 21.000 Flugstunden ohne nennenswerte Zwischenfälle im Verkehrsflugdienst mit rund 10.000 Flug-

Einen Air-Showdown der besonderen Art erlebte die ehrwürdige Hanse-Stadt Hamburg 2015 mit dem Lufthansa-Formationsflug des Airbus A 380 mit der Junkers Ju 52 3m D-AQUI. Während der Airbus seine Geschwindigkeit auf ein Minimum reduzieren musste, liefen die drei Motore der Ju 52 auf Maximalleistung, um dadurch zeitweilig annähernd mit dem Jumbo-Jet mithalten zu können.
Foto: Deutsche Lufthansa Berlin Stiftung

gästen pro Jahr zu erreichen, ist eine bemerkenswerte Bilanz. Ein großes Verdienst der Piloten und Instandhaltungstechniker. Während der Winterruhepause im Hangar in Hamburg-Fuhlsbüttel benötigen die Lufthansa-Techniker rund 4000 Arbeitsstunden, um die dreimotorige Maschine zu überprüfen und fit zu halten. Flugsicherheit besitzt stets oberste Priorität. Daher gab es 2016 eine besonders lange Reparaturzeit. Ein Mittelholmbruch musste behoben werden. 2017 war sie wieder zur Freude aller Luftfahrtfans am Himmel zu sehen. Und optimistisch versicherte der Vorstandsvorsitzende der Lufthansa Berlin-Stiftung Bernhard Conrad in einem Interview: „Wir werden unsere ‚Tante Ju‘ so gut pflegen, dass sie uns überleben wird. Das nächste Etappenziel ist der 100. Geburtstag.“ Ein Wunsch, den auch der langjährige Chef der Crew der D-AQUI, Flugkapitän Heinz-Dieter Bonzmann, hegte und dies bei einem Treffen der „Alten Adler“ in der einstigen Junkers-Fliegerstube im Dessauer Kornhaus aussprach.

DIE SCHWEIZER JUS AUS DESSAU

Anfang 1939 bestellte die Schweizer Flugwaffe bei der Junkers Flugzeug- und -Motorenwerke AG Dessau drei Flugzeuge des Typs Ju 52/3mg4e. Diese Ausführung besaß unter anderem eine größere Ladeklappe und höhere Transportkapazität. Nach Fertigstellung der Maschinen reiste Ende September 1939 eine Schweizer Delegation zur Abnahme und Überführung der Flugzeuge nach Dessau. Die politische Lage hatte sich geändert, zwischen Deutschland und Polen herrschte Krieg, der Zweite Weltkrieg hatte begonnen. Flugzeugauslieferungen standen unter strenger Kontrolle. Nur mit diplomatischem Geschick und nach mehreren Verhandlungen mit einflussreichen Personen gelang die Auslieferung der Maschinen an die neutrale Schweiz. Der anschließende Überflug ging von Dessau über Nürnberg und Friedrichshafen zur Flugbasis nach Dübendorf bei Zürich.

Die drei Maschinen mit den Werk-Nr. 6580, 6595 und 6610 haben eine wechselvolle und vor allem interessante Geschichte hinter sich. Bis zu ihrer Ausmusterung aus der Flugwaffe im Jahr 1981 konnten sie den Rekord für sich verbuchen, weltweit die am längsten im regulären und ständigen Einsatz gewesenen Flugzeuge zu sein. Ihre Flugbilanz von mehr als 10.000 Flugstunden war beachtlich. Unter den Kennungen: A-701, danach HB-HOS; A-702, danach HB-HOT und A-703, danach HB-HOP, flogen die Schweizer-Jus zuverlässig in unterschiedlichen Missionen. Ausbildungs-, Beobachtungs-, Trainingsflüge, Transportflüge für Fallschirmspringer und im Auftrag des Zivilschutzes brachten sie Rettung und notwendige Hilfsgüter. Durch die Neutralität

Während ihrer Weltreise ab dem 11. Januar 2000 von Dübendorf in Richtung Asien flog die Ju 52 3m HB-HOS im weiß/schwarz gestalteten Outfit mit IWC-Werbung, mehrfach vor und zwischen den Patronas Twin Towers, den zweithöchsten Wolkenkratzern der Welt in Kuala Lumpur. Ein spektakuläres Ereignis, das die zu diesem Zeitpunkt 61-jährige „Tante Ju" im Beisein von einem Heer von Fotografen und Pressevertreter souverän meisterte.
Foto: JU-AIR/Air Force Center

der Schweiz standen die Flugzeuge in keinem Kriegseinsatz.

Eine große Bewährungsprobe ihrer Leistungsfähigkeit bestanden die drei Ju 52 im Lawinenwinter 1951, bei dem mehrere Bergdörfer und zahlreiche Gehöfte wochenlang eingeschneit waren und nur auf dem Luftweg versorgt werden konnten. In einer beispiellosen Hilfsaktion flogen die Schweizer Piloten unter hoher Einsatzbereitschaft Hilfsflüge für die von der Zivilisation abgeschnittenen Menschen und ihr Vieh durch. Bei tiefen Temperaturen und eisigem Wind wurden täglich unzählige Holztonnen mit Hilfsgütern, Lebensmitteln, Medikamenten und auch Post per Fallschirm abgeworfen. International bekannt wurde die Schweizer-Ju durch ihre zahlreichen Flugeinsätze in Dokumentar- und Spielfilmen. Es ist kaum möglich, einen Film aus der Zeit des Zweiten Weltkrieges zu drehen, indem keine Ju 52 zu sehen ist. Schließlich waren die drei Schweizer Flugzeuge noch die einzigen in Deutschland gefertigten Maschinen im Originalzustand. In Filmklassikern wie „Hunde wollt ihr ewig leben", „Spionage auf Befehl" oder „Agenten sterben einsam" waren sie zu sehen. Auch die deutsche Comedy-Fernsehserie „Die himmlischen Töchter" von 1978 machte die Ju 52 zum „Star". Neben so bekannten Schauspielerinnen wie Iris Berben und

In Roll-Formation stehen die drei Schweizer Ju-52-Maschinen der JU-AIR bereit für das großartige Erlebnis Fliegen in Dübendorf.
Foto: JU-AIR/Air Force Center

Ingrid Steeger als „alte Dame der Luftfahrt" in Szene gesetzt, feierte sie auch in diesem Metier Erfolge.

JU-AIR STEHT FÜR NOSTALGIE, ABENTEUER UND FREIHEIT

Nach der Ausmusterung der drei noch flugfähigen Ju 52 aus der Schweizer Flugwaffe im Jahr 1981 engagierten sich Schweizer Piloten, Techniker und Flugzeugfans, die Maschinen für Publikumsrundflüge zu erhalten. Das war ein kostspieliges Unterfangen. Es mussten Sponsoren, Geldgeber, gefunden werden, die dieses Vorhaben unterstützten. Aufrufe, Aktionen und Spendensammlungen des aktiven Vereins der Freunde des Museums der Schweizerischen Fliegertruppe führten zum Erfolg. Unter großem Engagement aller Beteiligten kam es 1982 zur Bildung der Schweizer JU-AIR mit historischem Standort Dübendorf bei Zürich. Das nahmen auch alle Flugzeugenthusiasten in Europa und der Welt mit Freude zur Kenntnis. 2017, mit Rückblick auf die 35 Jahre ihres Bestehens, konnte der Flugkapitän Kurt Waldmeier, langjähriger Pilot der JU-AIR-Flotte und Chief Executive Officer (CEO) des AIR FORCE CENTER, auf eine erfolgreiche Bilanz verweisen. Neben Rund- und Charterflügen quer durch Europa zählt die Atlantiküberquerung 2012 mit vielen Zwischenstationen in den USA zum absoluten Highlight. Jedoch, das Projekt der Weltumrundung zur Jahrtausendwende mit der HB-HOS musste leider in Japan am 28. März 2000 abgebrochen werden. Die russische Staatsführung verweigerte strikt den Überflug ihres Hoheitsgebietes in Richtung Alaska aus politisch-moralischen Gründen.

Auch als fliegende Werbeträger werden die Junkers-Flugzeuge der JU-AIR genutzt und jedes neue Outfit erfreut nicht nur die Fotografen.
Foto: JU-AIR/Air Force Center

In zwei aufwendigen Filmproduktionen wie „Stalingrad" 1993 und „Operation Walküre" 2008

Als historisch authentischer „Filmstar" präsentierte sich eine Schweizer Ju 52 der JU-AIR bei der 1993 entstandenen hochkarätigen Filmproduktion „Stalingrad". Ein dramatischer Film über Menschenschicksale im Zweiten Weltkrieg, der international eine hohe Anerkennung fand.
Foto: JU-AIR/Air Force Center

war die Ju 52 als authentisches Flugzeug wieder dabei. Die Abenteuer der Flugzeugflotte der JU-AIR gingen weiter; und wenn sie gemeinsam mit den Ju 52 aus Deutschland und Frankreich zu einem Formationsflug starteten, ist es ein sensationelles Erlebnis, so geschehen im September 2011 am Himmel über Hahnweide mit sechs Ju 52, die D-AQUI an der Spitze. Auch die Taufe der HB-HOT auf den Namen „Dessau" am 4. Oktober 2009 auf dem Hugo-Junkers-Flugplatz war eine hoch beachtete Initiative, nein, „ein freudiges Ereignis", in Anwesenheit namhafter Persönlichkeiten aus der Schweiz und aus Deutschland. Ebenfalls dabei, Dipl.-Ing. Bernd Junkers, der Enkel des berühmten Flugzeugbauers Prof. Hugo Junkers, der selbst viel dazu beiträgt, dass die großartigen Leistungen in Forschung und Entwicklung seines Großvaters, nicht nur im Flugzeugbau, publiziert werden, um auch die Jugend mit dem Forschergeist für heutige Projekte zu begeistern.

Hohes fliegerisches Können bewiesen die Piloten der beiden Junkers Ju 52/3m aus Frankreich und der Schweiz bei ihrem Formationsflug von Dübendorf über das Schweizer Land.
Foto: JU-AIR/Air Force Center

Ein stimmungsvoller Rundflug durch einen herrlichen Sonnenuntergang der JU-AIR-Maschinen über die Schweizer Alpen beeindruckt und fasziniert.
Foto: G. Vogelsang

Die Junkers Ju-52-Traditionsmaschine D-AQUI der Lufthansa überfliegt den Werkstattflügel des Dessauer Bauhausgebäudes; ab 1925–1932 Hochschule für Gestaltung in Dessau. Hier wirkte eine der wohl kreativsten Künstlergemeinschaften des 20. Jahrhunderts. Seit 1996 gehört das Dessauer Bauhaus zum UNESCO-Weltkulturerbe.
Foto: Helmut Erfurth

Rechte Seite:
Mit der Kennung HB-HOT unternimmt eine Ju 52 der Schweizer JU-AIR mit der markanten RIMOVA-Werbung am 9. Juli 2017 nahe dem Starnberger See einen Rundflug über das Alpenvorland im Bundesland Bayern.
Foto: picture alliance/ZB/euroluftbild.de

THE LUGGAGE WITH THE GROOVES
RIMOWA
HB-HOT

Technik im Detail

Das Äußere eines technischen Produkts erkennt man sofort. Manches zeigt auch gleich, wofür es bestimmt ist. Will man aber dessen Wirkungsweise ergründen, hilft oft nur ein Blick in das Innere des Erzeugnisses. Am Beispiel des technischen Produkts Flugzeug, welches auf einer frühen Reklamekarte „fliegende Limousine" genannt wurde, war der empirische Erkenntnisprozess nötig, dass Metall doch fliegen kann!

Darauf abgestimmt nahmen die Visionäre aus Forschung und Entwicklung das Metallblech (Eisen – Aluminium) in den Blickpunkt, formten seine Gestalt unter aerodynamischen Aspekten und kümmerten sich intensiv um den Antrieb zum Steigen in die Lüfte und zum glücklichen Landen, füllten den Flugzeugrumpf mit Geräten zum Steuern, Messen und Regeln. Welch ein kühner Schritt hin zur Verwirklichung des menschlichen Traumes vom Fliegen. Und um es praktikabel zu machen, brauchte es Zulieferer, Kooperationen mit Partnern, die ihrerseits diesen Technikschub mittragen wollten. Der Konstrukteur, der Diplom-Ingenieur, der Techniker war dabei unverzichtbar mit seinem Wissen um den inneren Ablauf technisch-technologischer Prozesse und ihrer Wertschöpfung. So ein Flugzeug aus der Pionierzeit weckt die Neugier. Es hautnah und im Detail betrachten zu können, ist schon eine spannende Angelegenheit, mehr noch, es wird zum technischen „Lehrstück". Es gestattet Einsicht in seine Funktionsfähigkeit, lenkt respektvoll den Blick auf geniale technische Detaillösungen in Funktion und Gestaltung und begeistert als Flugzeug Junkers Ju 52/3m noch heute.

Der Blick über den aerodynamisch gewölbten Flügel einer Tragfläche in Richtung des Hauptmotors zeigt die markante Wellblechstruktur der Ju-52-Außenhaut. In dieser Ebenmäßigkeit der parallel laufenden Wellen(Sicken) im Aluminiumblech erkennt man die Präzision ihrer Gestaltung. Jede Wölbung bedeutet eine Verfestigung des dünnwandigen Bleches. So entsteht eine gefestigte Struktur im Kräfteverlauf, wichtiger statischer Faktor und auch optisch beeindruckend durch das Licht-Schatten-Spiel der silbernen Außenhaut. Eine Ästhetik wird erkennbar, die ihren Ursprung in der Konstruktion des Flugzeuges hat. Die Fensterreihung ist in Sitzhöhe der Passagiere angebracht. Das angenehme Fluggefühl, der schöne Ausblick in die Natur während des Fluges, damals flog man ja nur mit einer Geschwindigkeit von ca. 200 km/h in einer Höhe von 2.500 m, wird angenehm im Passagierraum verstärkt. Die warmen Farbtöne in der Gestaltung der Fluggastkabine kontrastierten gut mit dem kühlen Silber der Außenhaut des Rumpfes. Rechteckige Bordfenster und gewölbte Blechstrukturen bringen eine spannende Optik. Auf dem Flugzeugdach ist eine moderne Funkantenne zu erkennen.
Foto: Kettner/Lufthansa

BERLIN-TEMPELHOF

Eine der interessantesten Ansichten der Ju 52/3m. An den Tragflächen und im Vorderteil des Rumpfes ist die Anbringung der drei Motoren gut zu erkennen. Dem aufmerksamen Betrachter fällt natürlich die seitlich nach außen gerichtete Anordnung der beiden Außenmotoren auf. Bei einem eventuellen Motorausfall würde durch diese Drei-Grad-Außenstellung noch genug Auftrieb erzeugt werden können, um das Flugzeug gefahrlos und sicher in der Luft zu halten. Charakteristisch für die Ju-52 sind die aerodynamisch geformten runden Blechverkleidungen der drei Sternmotoren, sie werden als NACA- und Townend-Ringe bezeichnet. Das Silbergrau des Flugzeuges ist im Bereich der Motoren schwarz gestrichen. Auch im Bereich der Tragflächen sind schwarze Farbstreifen zu sehen. Diese bei Motorflugzeugen der alten Lufthansa ab 1935 übliche Farbbehandlung sollte Vergaserrückstände oder evtl. auch Ölspuren von den Motoren auf den ersten Blick kaschieren. Natürlich wurden die Maschinen regelmäßig gewartet und gereinigt. So sahen die Flugzeuge stets tadellos aus. Gut sichtbar ist das zweiteilige Fahrwerk in seiner Verankerung im Tragflächenmittelstück. Das Fahrgestell besteht aus je einer Rohrgabelschwingachse zur Aufnahme der Bremskraft, einem Stoßdämpfer in stromlinienförmiger Verkleidung, der mit Ringfederelementen ausgestattet ist und einer hinteren Strebe zur Aufnahme seitlich wirkender Kräfte.
Foto: Kettner/Lufthansa

Die Motorenverkleidungen sind aerodynamisch wie Strömungsringe geformt und dienen der Motorkühlung. Deutlich sind in dieser Detailansicht die einzelnen Motorzylinder zu sehen, die sternförmig um die zentrale Motorachse angeordnet sind. Daher auch der Name Vergaser-Sternmotor. Er bildet mit den anderen beiden Motoren das Herzstück oder besser gesagt, die Kraftzentrale der Ju 52/3m. Auf dem Ende der Motorachse sitzt die mehrblättrige Luftschraube, der Propeller.
Foto: Kettner/Lufthansa

Wie aufwendig aber exakt die in schmale Sicken gedrückte Wellblechverkleidung der Tragflächen an die Holme der Tragwerkkonstruktion genietet ist, zeigt dieses Detailfoto der Flügelnase. Trotz zahlreicher technologischer Hilfsvorrichtungen und Spezialhandwerkzeuge war das eine schwere und komplizierte Arbeit für die Monteure und verlangte höchste Fertigkeit. An der Unterseite der Tragfläche befindet sich beidseitig in Flugrichtung ein einschwenkbarer Lande- bzw. Rollscheinwerfer.
Foto: Kettner/Lufthansa

Facettenartig, wie das Auge eines Insekts, wirkt die Glaskanzel der Ju 52 in ihrer Gliederung. Ein Blechrahmen hält die einzelnen Glasflächen zusammen. Die Piloten im Flugzeug brauchen eine gute Sicht, deshalb der erhöhte Sitz in der Kanzel. Damit ist auch die seitliche Orientierung möglich. *Foto: Kettner/Lufthansa*

Der zweigeteilte Blick des Piloten: Flugtechnik und Flugbedingungen. Ist heute Flugwetter? In der Pionierzeit des Fliegens startete man anfangs nur bei guter Witterung. Mit der Junkers Ju 52/3m änderte sich das grundlegend. Sie war technisch auf der Höhe ihrer Zeit. Armaturen, Messgeräte, Steuerhilfen, Gerätschaften und Vorrichtungen, die das Fliegen sicherer und problemloser gestalteten, sowie eine Parallelsteuerung bestimmten das Geschehen im Cockpit. Mit einem Funkgerät war man nicht nur mit der Bodenstation verbunden, es diente auch der Funkpeilung bei Nachtflügen oder trübem Wetter. Der Slogan „Die Lufthansa fliegt bei jedem Wetter“ war sprichwörtlich gemeint. Das Cockpit wurde vom Konstrukteur ergonomisch gestaltet, sodass der Pilot mit einem geschulten Blick vom Armaturenbrett durch das Fenster schauen und aktuell reagieren konnte. Das Foto zeigt rechts auch die modernen Anzeigegeräte der rekonstruierten Ju.
Foto: Kettner/Lufthansa

„Nicht anfassen!“ steht auf dem verstellbaren Hilfsflügel, der ein wesentliches Steuerteil am Flugzeug ist. Das Tragwerk ist als Doppelflügel nach einem Junkers-Patent ausgebildet. Es besteht aus dem fest mit dem Rumpf verankerten Hauptflügel und einem im Fluge verstellbaren hinteren Hilfsflügel. Durch diese aerodynamisch günstige Anordnung der beiden Tragwerkprofile erhält das Flugzeug einen zusätzlichen Auftrieb.
Foto: Kettner/Lufthansa

Die Tür, der Einstieg in das Flugzeug, aus gewelltem Duralumin-Blech ist ebenso funktional in ihrer Aufgabe und hat die Besonderheit des versenkbaren Türgriffs, manchmal vom Passagier erst auf den zweiten Blick erfassbar. Die Gestaltung des Türschlossgriffes als wichtiges Sicherungselement verhindert ein unbeabsichtigtes Öffnen der Bordtür. Eine eigene Bordleiter zum sicheren Ein- oder Ausstieg aus der Maschine gehörte zur Grundausrüstung. Nicht jeder Flugplatz hatte schon eine Gangway.
Foto: Kettner/Lufthansa

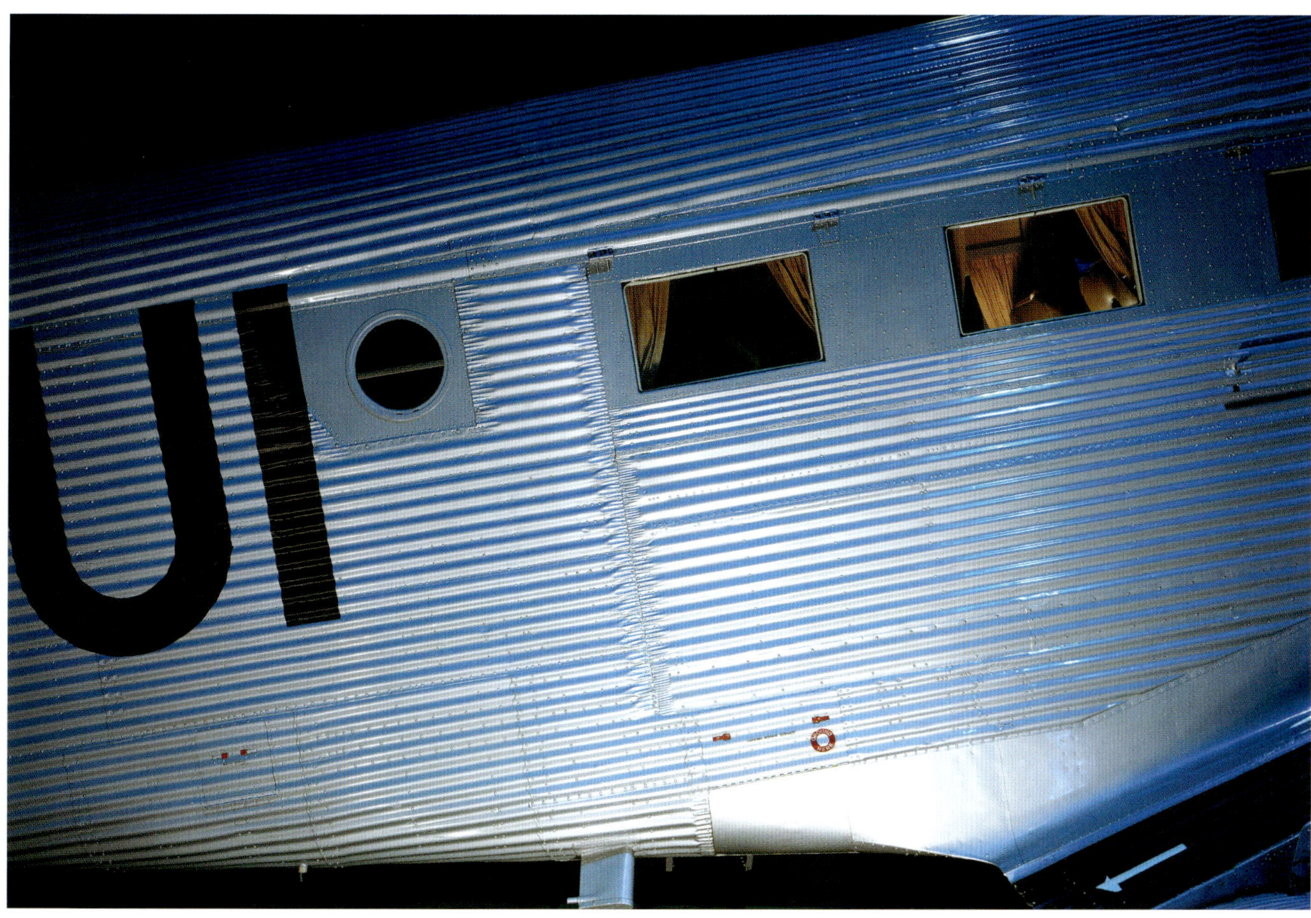

Schon die Fensterform verrät die Räumlichkeiten. Während der Passagier im Fluggastraum durch rechteckige Fenster die Landschaft betrachten kann, gibt es im Sanitärbereich ein rundes Fenster und nach unten das berühmte Rohrstück. Interessant sind jedoch bei dieser Detailansicht die unterschiedlichen Wellblechstrukturen mit ihren Anschlusssicken an den Übergangsstellen zu den Nietverbindungen, die in ihrer Komplexität sonst nur noch am Leitwerk wiederzufinden sind.
Foto: Kettner/Lufthansa

Die Endkappe der Höhenflosse, die sogenannte Höhenflossennase, der Ju 52/3m ist in einer aerodynamisch günstigen Form gestaltet. Dadurch werden Luftverwirbelungen vermieden, die das Flugverhalten beeinträchtigen könnten. Das Typenschild an der Endkappe der Höhenflosse dient der Identifizierung des Flugzeuges. Es nennt den Hersteller, die Werk-Nummer, das Baujahr und die Flugzeugkennung.
Foto: Kettner/Lufthansa

Das Leitwerk übernimmt mit dem Seitenruder, auf dem Foto rechts, und dem Höhenruder, unten links, die wesentlichen Steuerungsfunktionen des Flugzeuges. Eine Steuerung erfolgte bei der Ju 52 früher durch Seilzüge, heute durch ein absolut sicher funktionierendes Steuergestänge und für die Höhenflossentrimmung werden Drehwellen verwendet. In einem modernen Jet-Liner steuert man per Hydraulik und Elektronik. Die Schrift am Seitenleitwerkskasten gibt den Hersteller und das Logo auf dem Seitenruder den Betreiber bzw. Eigentümer des Flugzeuges an. Unter dem Leitwerk befindet sich das Gelenk des Spornrades, im Foto unten zu erkennen. Es ist mit dem Seitenruder gekoppelt, damit das Flugzeug auch am Boden gut manövrierbar bleibt.
Foto: Kettner/Lufthansa

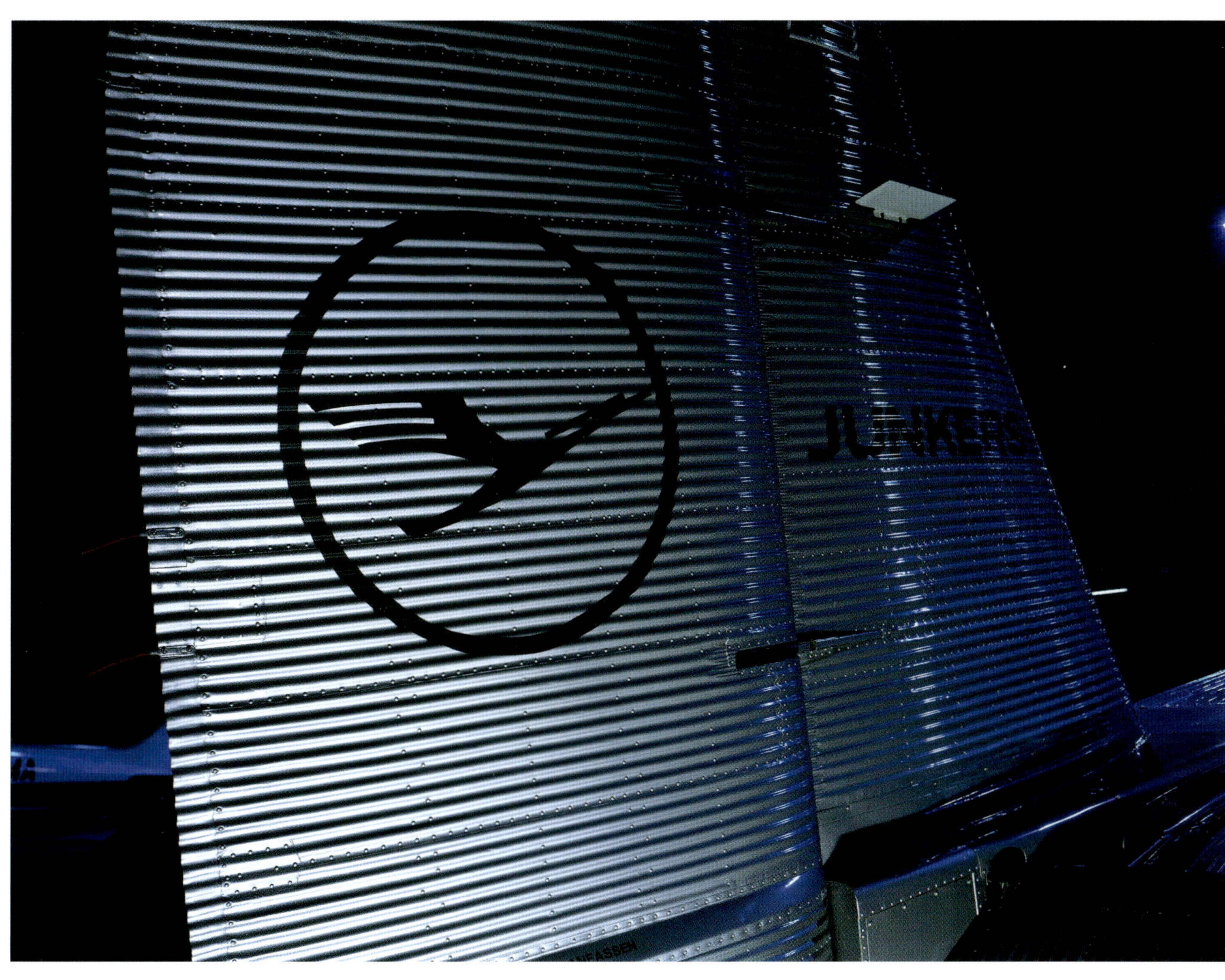

Am Seitenleitwerkskasten der „Tante Ju“ bilden seit ihrer Rekonstruktion zwei rechtwinklige Metallflächen eine Besonderheit. Sie dienen als Navigationsantenne für das Instrumentenlandesystem (ILS). Optisch ästhetisch verbindet sich hier alte und neue Technik.
Foto: Kettner/Lufthansa

TECHNIK IM DETAIL: FUNDE

Das Fragment eines im Zweiten Weltkrieg abgeschossenen Ju-52-Militärtransportflugzeuges, 2009 in der Ukraine fotografiert, wirkt in der scheinbar endlosen Weite der Sommerlandschaft wie ein surreales Objekt einer vergangenen Zeit.

Seit September 1943 liegt im Kykladenarchipel Griechenlands in der St. Nicola Bay, Kea Island, Cyclades, in 67 Meter Tiefe eine Ju 52/3m g6e. Die Fotografien entstanden 2009 und zeigen das mit Meerespflanzen überwachsene Armaturenbrett im Cockpit der Maschine. Eine exotische Farbenpracht präsentierte sich den Sporttauchern in der Pilotenkanzel des Wracks.
Alle Fotos der Doppelseite: Sammlung des Autors

Im Flugzeugrumpf ist noch die offene Tür zum Cockpit zu sehen und rechts daneben der Sitzplatz des Bordfunkers. Die Rumpf-Rahmenkonstruktion mit ihrer markanten Wellblechverkleidung und die einstigen Sitzbänke sind gut zu erkennen. Ein Ort, den sich die Natur schrittweise wieder zurück erobert hat.

Fische umkreisen das 1943 in den griechischen Gewässern des Mittelmeeres abgeschossene Ju-52-Flugzeug und haben dort einen sicheren Schlupfwinkel gefunden.

Ein Tragflächenmotor vom Typ BMW 132T hat sich vermutlich durch den Aufprall der Maschine aus seiner Verankerung gelöst, dabei die Motorenverkleidung beschädigt und liegt nun abgesenkt auf dem Meeresboden.

Wie eine Antenne ragt die Lafette des MG-15 aus dem Drehkranz D 30-Gefechtsstand, der sich auf der Rumpfdecke der Ju-52-Maschine zwischen den Re-Spant 3 und Re-Spant 4 auf einem erhöhten Zwischenboden befand.
Alle Fotos der Doppelseite: Sammlung des Autors

Ein Taucher untersucht das Flugzeugwrack einer Ju 52/3m im Schwarzen Meer bei Odessa/Ukraine.
Foto: picture alliance/imageBROKER

Dokumentation

Ju 52 – Baubeschreibung – ausgewählte Baureihen – im Flugdienst der DLH

Die erste Baubeschreibung zum „Junkers Groß-Frachtflugzeug G 52", die spätere Typenkennung Ju 52 war zu diesem Zeitpunkt noch nicht festgelegt, lag am 16. August 1930 in neun Exemplaren vor. Auf drei Schreibmaschinenseiten erläuterte der Konstrukteur Ernst Zindel in knapper, präziser Form die wesentlichsten konstruktiven und technischen Parameter des neuen Flugzeugtyps. Im Fachjournal der Junkerswerke, den „JUNKERS NACHRICHTEN", erschien in der Nr. 3/1931, entsprechend ihres internationalen Charakters, eine ausführliche mehrsprachige Präsentation der einmotorigen Ju 52 in Wort und Bild. Zu diesem Zeitpunkt lief im Dessauer Flugzeugwerk bereits die Serienfertigung der Werk-Nr. 4003 bis 4007. Nach Abnahmeprüfung und der darauf folgenden Überführung der Maschinen an den Kunden erhielt der Käufer bei der Übergabe neben den protokollarischen Unterlagen und Versandpapieren auch eine präzise Baubeschreibung und ausführliche Bedienanleitung zum fertigen Produkt.

Der Nutzer eines Junkers-Flugzeuges sollte dessen Gebrauchswerteigenschaften und seine Handhabung schnell und zielsicher erfassen können. Anwendung, Gebrauchswert, Funktion, Konstruktion, Wartung und Wirtschaftlichkeit waren die für den Kunden wichtigen Parameter. Mit einer bis ins kleinste Detail ausgefeilten Servicefreundlichkeit und Produktreklame setzte Hugo Junkers Akzente.

Eine detaillierte Baubeschreibung für das jeweilige Produkt war die Voraussetzung zu dessen praktischer Anwendung im Sinne der Vorschriften für Qualität, Sicherheit und Zuverlässigkeit, jene Grundsätze Junkers'scher Firmenphilosophie, die bei allen seinen Erzeugnissen zu finden sind. Die Vielfalt seiner Produkte, Typen, Baureihen, Sonderausführungen etc. verlangten eindeutige technische Beschreibungen und Montageanleitungen. Hinzu kamen Typenprospekte, speziell auch zur Ju 52, die in reich bebilderter Kurzform eine illustrierte Baubeschreibung wiedergaben. Solche Schriften sind wegen ihrer ausgezeichneten und vor allem detailreichen Fotografien, Zeichnungen, den technischen Beschreibungen sowie Datenübersichten gesuchte Informationsblätter.

Eine Besonderheit in den Junkers-Baubeschreibungen bilden die jeweils auf der rechten Textseite angeordneten Zahlen in einer durchgehenden Reihenfolge. Diese Nummerierung gab die Themenschwerpunkte an, verdeutlichte den methodischen Leitfaden der Baubeschreibung. Eine Unterbrechung bzw. das Überspringen von Zahlen deutet auf textliche Ergänzungen hin, die ausschließlich den Sonderausführungen der Maschine vorbehalten waren. In einigen Beschreibungen sind diese dafür vorgesehenen Textpassagen noch farblich, meist in einem Blauton, hervorgehoben. Dadurch wird der Benutzer in die Lage versetzt, die inhaltlichen Aussagen der Baubeschreibung besser zu erfassen. Diese Methodik förderte eine effiziente Wissensvermittlung.

Für den Flugzeugbetreiber bedeutete das die Gewissheit, dass sein Flugzeug technisch auf der Höhe seiner Zeit stand und er auch von den aktuellsten Forschungsergebnissen profitierten konnte.

Ein Abdruck dieser Baubeschreibung, ein wahres Zeitdokument, findet sich auf den folgenden Seiten und ermöglicht dem Leser das Vertiefen in die technische Ausgereiftheit der Ju 52.

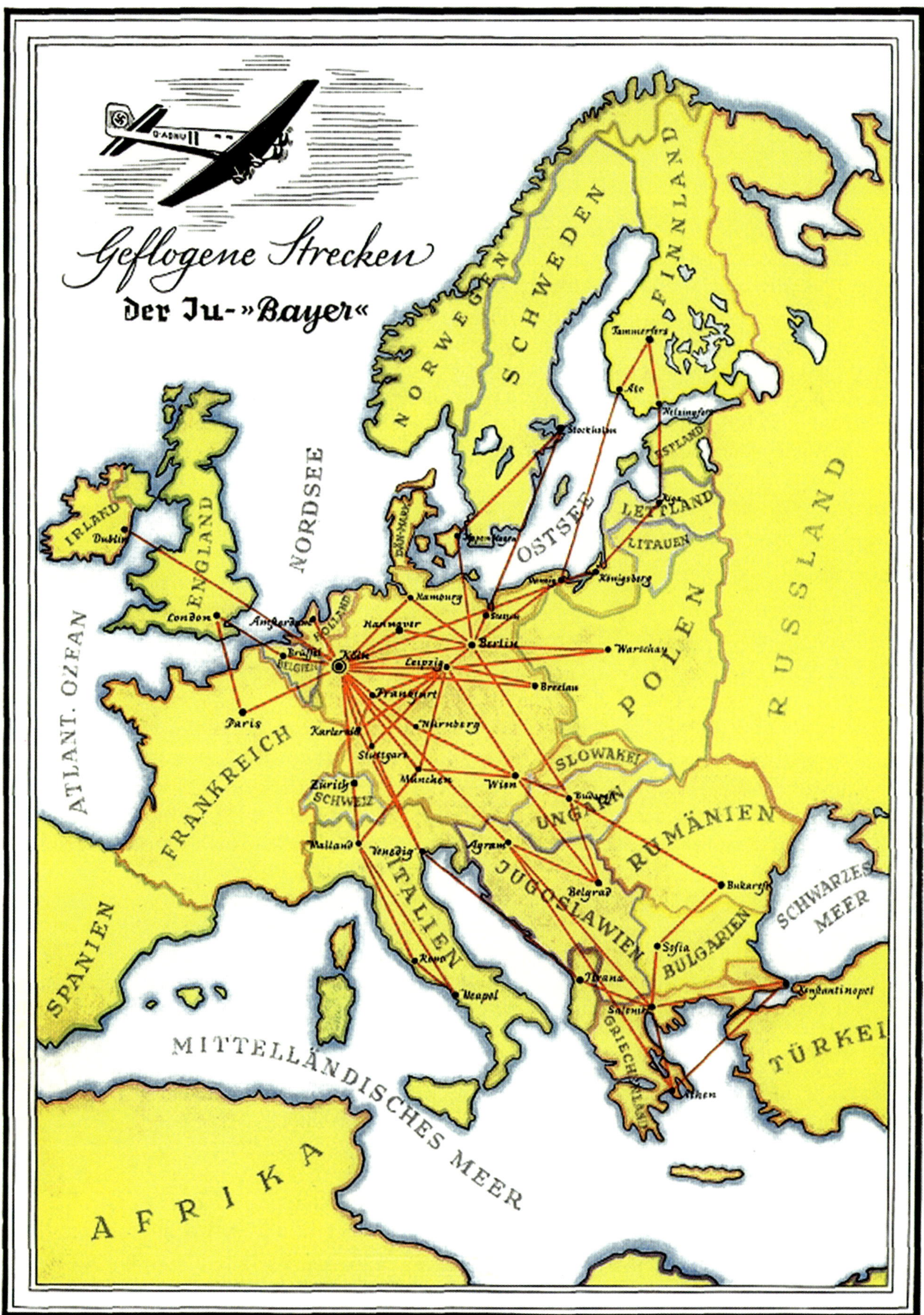

Werbeblatt der geflogenen Strecken der Ju-„Bayer“ zwischen 1937 und 1939.
Am 16. November 1937 erfolgte auf dem Kölner Flughafen Butzweilerhof die Indienststellung einer Junkers Ju 52 3m mit der Kennung D-ADHU für das Pharma-Unternehmen Bayer AG in Leverkusen. Als erste fliegende Apotheke der Welt transportierte die Ju-“Bayer“ im Kurier-Flugdienst europaweit Medikamente und ermöglichte einen schnellen medizinischen Ärzte-Service. Mit einem Aktionsradius von über 2.000 km ohne Zwischenlandung besaß die Ju 52 durch Spezialbehälter ein Frachtvolumen von 1,8 t und einen Passagier-/Konferenzraum für vier Personen mit einer Funkanlage. Dadurch konnten sich die mitfliegenden Ärzte und Wissenschaftler bereits während des Fluges über die anstehenden medizinischen Fragen informieren und abstimmen. Medizinische Probleme wie sich regional ausbreitende Epidemien oder Seuchen wurden so schneller und effektiver bekämpft.
Foto: Sammlung des Autors

Original-Typenblatt der einmotorigen Junkers Ju 52.
Dokument: Sammlung des Autors

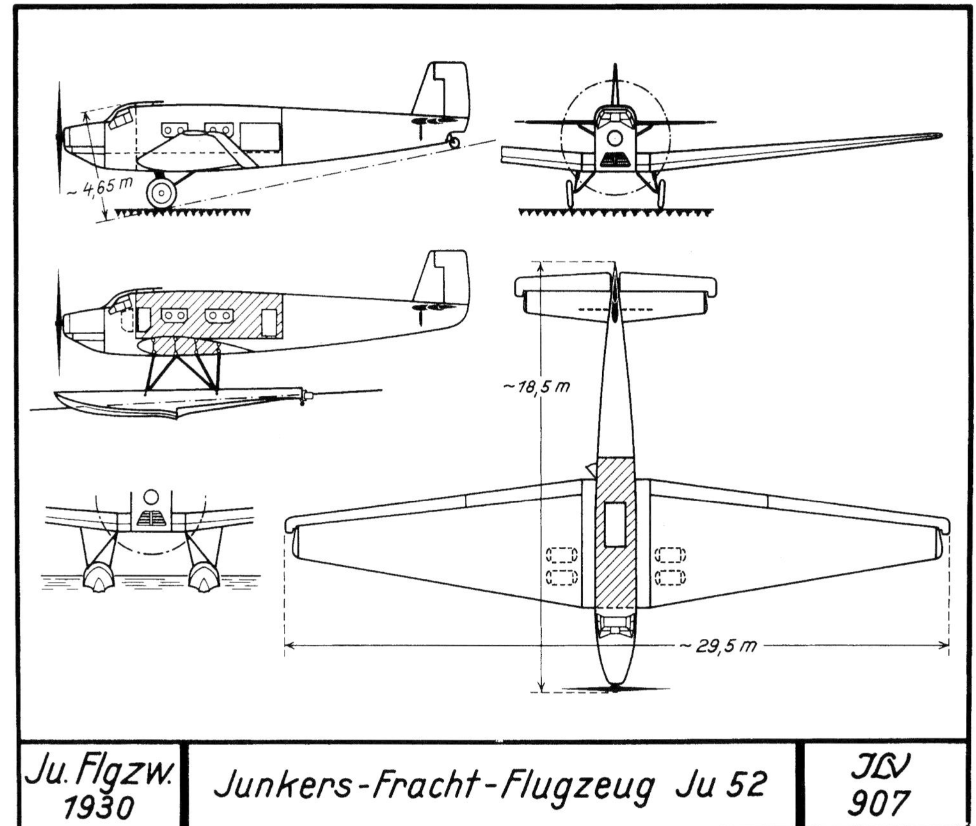

Diese Baubeschreibung für die Junkers Ju 52/3m, die 1935 in Deutsch und Englisch erschien, wurde noch ganz im typographischen Gewand der Bauhausreklame gestaltet.
Foto: Sammlung des Autors

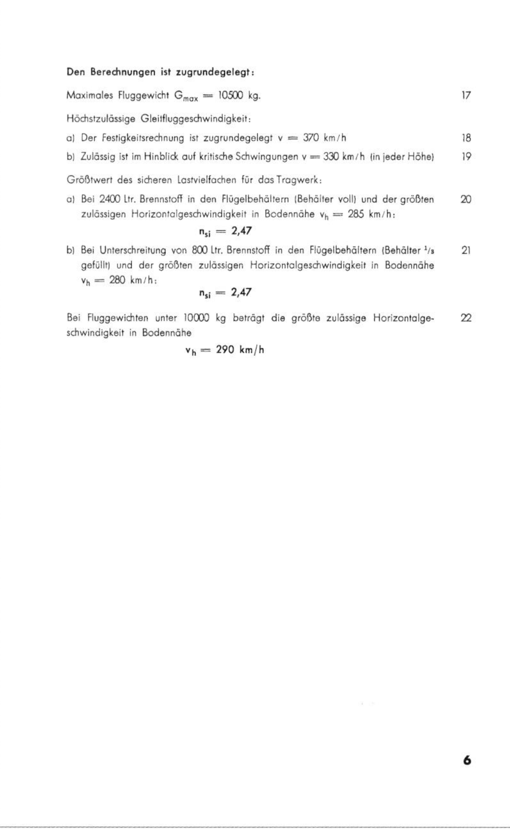

Den Berechnungen ist zugrundegelegt:

Maximales Fluggewicht G_{max} = 10500 kg. 17

Höchstzulässige Gleitfluggeschwindigkeit:

a) Der Festigkeitsrechnung ist zugrundegelegt v = 370 km/h 18

b) Zulässig ist im Hinblick auf kritische Schwingungen v = 330 km/h (in jeder Höhe) 19

Größtwert des sicheren Lastvielfachen für das Tragwerk:

a) Bei 2400 Ltr. Brennstoff in den Flügelbehältern (Behälter voll) und der größten zulässigen Horizontalgeschwindigkeit in Bodennähe v_h = 285 km/h: 20

$$n_{si} = 2,47$$

b) Bei Unterschreitung von 800 Ltr. Brennstoff in den Flügelbehältern (Behälter 1/3 gefüllt) und der größten zulässigen Horizontalgeschwindigkeit in Bodennähe v_h = 280 km/h: 21

$$n_{si} = 2,47$$

Bei Fluggewichten unter 10000 kg beträgt die größte zulässige Horizontalgeschwindigkeit in Bodennähe 22

$$v_h = 290 \text{ km/h}$$

6

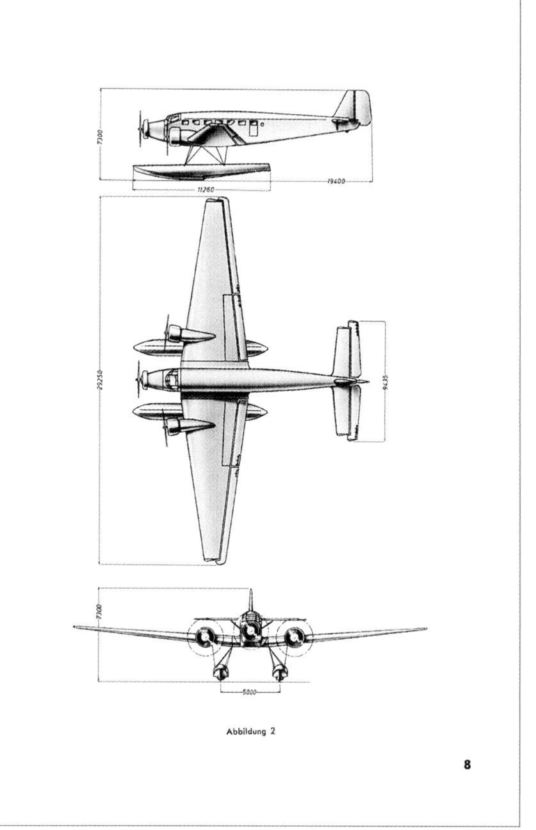

Abbildung 2

8

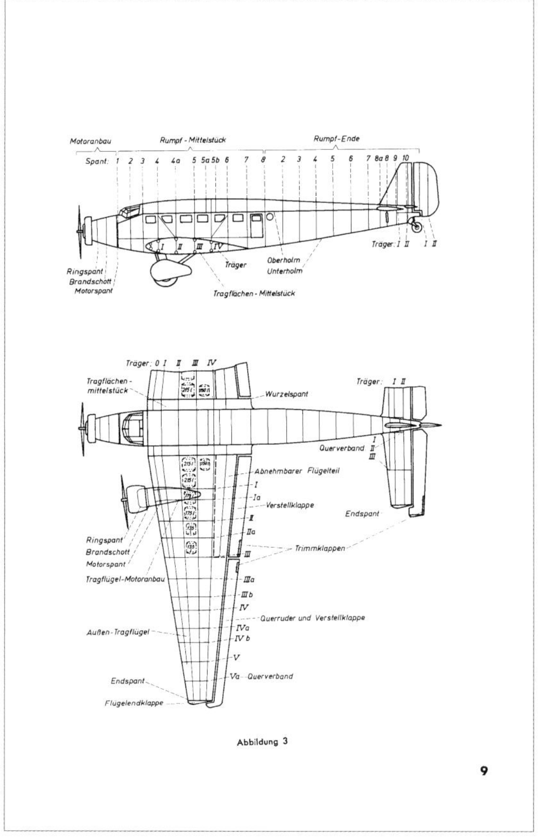

Abbildung 3

9

I. Flugwerk

a) Rumpfwerk

Der Rumpf hat rechteckigen Querschnitt mit stark abgerundeten Ecken. Das Rumpf- 23
gerüst besteht aus vier Längsholmen und senkrecht zur Längsachse angeordneten Spanten. Seitenwände und Decke werden durch Auskreuzungen zwischen den Spanten versteift. Die Längsprofile sind offene Hutprofile. Die Wellblech-Außenhaut wird zum Tragen mit herangezogen.

Zum Anheben des ganzen Flugzeuges sind versenkt angeordnete Heißbeschläge 24
eingebaut.

Der Rumpf ist eingeteilt in: 25

Motorvorbau für Mittelmotor
Rumpfmittelstück
Rumpfende

Abbildung 4

Der Motorvorbau für Mittelmotor ist im Abschnitt „Triebwerk" (Bez.-Nr. 122 und 26
123) beschrieben.

Rumpfmittelstück

Das Rumpfmittelstück ist mit dem Flügelmittelstück konstruktiv vereinigt und ist 27
raummäßig in Führerraum und Hauptnutzraum unterteilt.

10

Führerraum

Der Führerraum ist mit einer Überdachung versehen (siehe auch Seite 35). 28

Nutzraum

Hinter dem Führerraum schließt sich ein vollkommen freier rechteckiger Nutzraum 29
von 19,6 m³ an. Unter diesem befinden sich im Tragflächenmittelstück drei von der Rumpfunterseite zugängliche Räume von zusammen 3 m³, welche als Gepäckräume dienen und mit verschiebbaren Rosten versehen sind. Die Gepäckräume werden durch Klappen verschlossen, die ihrerseits mit Aluminiumband-Schrankschlössern versehen sind. Ferner ist vor Spant 4 rechts ein Raum von 0,35 m³ zur Unterbringung von Akku und Bordwerkzeugen eingerichtet.

Bei Wassermaschinen ist noch ein zusätzlicher Raum von 1,2 m³ zwischen Spant 30
6 und 8 vorgesehen.

Der Führerraum ist mit dem Nutzraum durch eine doppelteilige Tür mit Schiebe- 31
fenster verbunden.

Rumpfende

Das rechteckige Rumpfende ist mit dem Rumpfmittelstück fest verbunden. 32

Abbildung 5

Unmittelbar hinter dem Hauptnutzraum befindet sich auf der linken Seite ein 33
Toilettenraum, der von dem Nutzraum aus zugänglich ist.

11

Rechts daneben, von rechts außen und von der Toilette aus zugänglich, ist ein 34
Nutzraum (Gepäckraum) von ca. 1,4 m³ mit herausnehmbarem Zwischenboden angeordnet.

Das weitere Rumpfende ist durch eine Tür im Rumpfendspant 3 zugänglich und 35
auf einem Laufsteg begehbar.

Am Rumpfende ist ein Notsporn vorgesehen, der bei Bruch des eigentlichen Spornes 36
das Rumpfende vor Beschädigungen schützt.

b) Fahrwerk

Das feste Fahrgestell besteht aus zwei Hälften ohne durchgehende Achse. 37
Es ist durch auswechselbare und gut schmierbare Kugelköpfe in Kugelpfannen mit Kugelschalen und Überwurfmuttern am Tragflächenmittelstück angebaut.

Abbildung 6a

Eine leicht abnehmbare stromlinienförmige Verkleidung vermindert den Luftwider- 38
stand. Auf Wunsch kann für steinige Flugplätze an der Verkleidung ein Schutzblech angebracht werden, das Beschädigung der Fläche und Landeklappe durch Steinschlag verhindert.

An der Rumpfendspitze ist eine gut abgefederte Spornrolle angebracht. 39

12

Abbildung 6b

Fahrgestell

Jede Fahrgestellhälfte besteht aus: 40

einer Rohrgabelschwingachse mit Gabelstück und Anschlußflansch zur Aufnahme der Bremskraft;

einem Stoßdämpfer, der mit Ringfedern oder Öl-Luft arbeitet, je nach Wahl des Auftraggebers (siehe Abb. 7);

einer hinteren Strebe, die das Fahrwerk gegen das Tragflächenmittelstück abstützt;

einem 1100 x 375 mm Elektrongußrad mit Mitteldruckbereifung.

Bremsanlage

Die Bremsventile der Innenbacken-Druckluftbremsen werden mittels der Normal- 41
gashebel durch Zurücknehmen über die Leerlaufstellung betätigt. Während der Mittelgashebel gleichmäßiges Bremsen beider Laufräder bewirkt, kann durch den linken bzw. rechten Außengashebel ein Laufrad auf der zugehörigen Seite gebremst werden.

Der jeweilige Bremsdruck wird durch einen Doppeldruckmesser angezeigt. 42

13

Abbildung 7

Die zur Betätigung der Bremsen notwendige Druckluft wird einer 5-Ltr.-Druckluft- 43
flasche entnommen. Sie befindet sich im Führerraum vor dem rechten Führersitz und wird über einen Außenbordanschluß nachgefüllt.

Spornrolle

Das Spornrad aus Elektronguß, das auswechselbar in einer Elektrongußgabel auf einer 44
feststehenden Stahlachse in Rollenlagern gelagert ist, hat eine Bereifung von 500 x 180 mm, die zur Ableitung elektrischer Aufladungen der Flugzeugzelle leitend ist.

Ein Stoßdämpfer von der gleichen Bauart wie beim Fahrgestell findet Verwendung. 45

Die Spornrolle ist um 180° drehbar und in Flugrichtung am Boden feststellbar. 46

Für die Federstrebe ist ein Abfangseil vorgesehen, welches bei Bruch verhindert, 47
daß das darüberliegende Leitwerk festgeklemmt wird.

14

Abbildung 8

c) Schwimmwerk

(nur im Bestellungsfalle als Wasser- bzw. Land-Wasserflugzeug)

Das Schwimmwerk besteht aus zwei Schwimmern von je 9500 Ltr. Wasserver- 48
drängung und dem Schwimmergestell.

Das Schwimmwerk kann gegen das Fahrwerk leicht ausgewechselt werden, außer- 49
dem kann man die Schwimmer untereinander nach Wechsel der Knotenstücke austauschen.

Bei Verwendung eines Seerollgestelles, dessen Lieferung auf Wunsch des Auftrag- 50
gebers erfolgt, werden hierfür an den Schwimmern besondere Beschläge sowie eine Heckrolle angebracht. Eine Austauschmöglichkeit der Schwimmer besteht dann nicht mehr.

Am Rumpfende ist ein Seehaltegriff angeordnet. 51

Schwimmer

Die beiden doppelt gekielten Leichtmetallblech-Schwimmer haben eine Stufe und 52
werden durch Schottwände in mehrere wasserdichte Räume eingeteilt.
(Siehe hierzu Abbildung 9)

Die abgeschotteten Räume sind durch große Mannlöcher, die durch einen auf- 53
geschraubten Deckel wasserdicht verschlossen werden, zugänglich. In jedem

15

Mannlochdeckel is: eine kleine, leicht und wasserdicht verschließbare Öffnung zur Überprüfung der Schotträume vorhanden.

Zwischen Schwimmer-Spant 6 und 8, 10 und 13 sowie 18 und 21 befinden sich mit Holzrosten versehene Räume zur Unterbringung von Gepäck. 54

Der Grundanker wird im linken Schwimmer an Spant 12 untergebracht. 55

Im rechten Schwimmer ist quer zur Längsrichtung hinter Spant 10 ein wasserdicht verschließbarer Schacht eingebaut, der beiderseits außenbordseitig zugänglich ist und zur Unterbringung von Notproviant, Leuchtpistole sowie kleinerem Rettungsgerät dient. 56

Die Unterbringung des Ankergerätes und der Einbauort des Notschachtes kann nach Wunsch des Auftraggebers wahlweise verlegt werden. 57

Beschläge zum Festmachen von Leinen, sowie feste Halteleinen an den Seiten der Schwimmer sind angebracht. 58

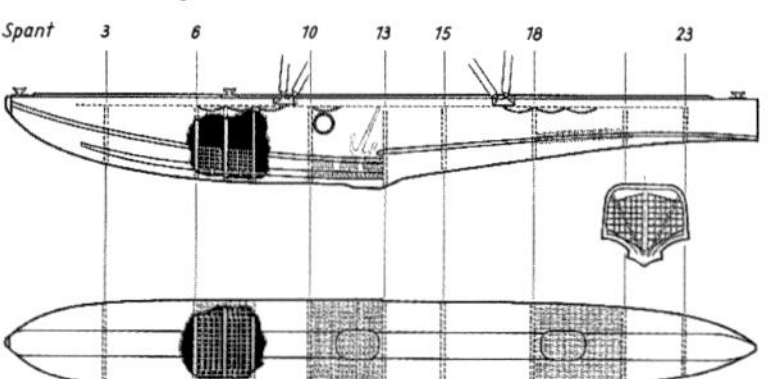

Abbildung 10

16

Schwimmergestell

Durch das in einer Längsebene mit Verspannungskabeln ausgekreuzte Schwimmergestell werden die Schwimmer nicht nur mit dem Tragflächenmittelstück, sondern auch mit den Außentragflächen verbunden. 59

Die Befestigung der Schwimmerstreben erfolgt in der gleichen Art wie bei dem Fahrgestell durch Kugelköpfe und Pfannen. 60

Die einzelnen Schwimmerstreben haben ein aerodynamisch günstiges Querschnittsprofil und sind daher nicht besonders verkleidet. 61

Die Knoten-Anschlußpunkte der Streben werden durch Abdeckbleche verkleidet. 62

d) Tragwerk

Das freitragende Tragwerk ist unterteilt in das Tragflächenmittelstück, das mit dem Rumpfmittelstück fest verbunden ist, sowie die Außentragflächen, die V-förmig am Mittelstück durch je acht leicht lösbare Kugelverschraubungen angeschlossen werden. 63

Das Tragwerk hat Trapezform. 64

Abbildung 11

Das Tragwerksgerüst wird aus drei Hauptträgern und einem Hilfsträger gebildet, deren Ober- und Untergurte aus Rohrholmen bestehen. Diese sind an den Unterteilungen miteinander verschraubt und durch mehrere Querverbände sowie Wellblech verbunden. (Siehe auch Abb. 11). 65

Zur Verankerung des Flugzeuges dienen unter den Tragflächen angebrachte Schäkel, zum An- und Abbau der Flächen drei versenkt angebrachte Heißpunkte auf der Flächenoberseite. 66

Das Tragwerk ist als Junkers-Doppelflügel nach dem Junkers-Patent ausgebildet, gekennzeichnet durch den feststehenden Hauptflügel und einen im Fluge verstellbaren hinteren Hilfsflügel. Der äußere Teil des Hilfsflügels wirkt hauptsächlich als Querruder und auch zusammen mit dem inneren Teil als Verstellklappe bei Start und Landung. 67

Die inneren Verstellklappen werden auf Wunsch zum Steinschlagschutz auf eine Länge von 2,2 m durch Glattblechversteifung verstärkt. 68

17

Im folgenden eine kurze Charakteristik des Junkers-Doppelflügels:

Bei **großen Geschwindigkeiten** geringe negative Anstellung des Hilfsflügels, Verhältnisse ähnlich wie bei guten normalen Profilen (bei kleinen Auftriebsbeiwerten geringe Widerstandsbeiwerte). 69

Bei **mittleren Geschwindigkeiten** günstige Gleitzahlen, erreicht durch kleine positive Anstellung bzw. Anstellung 0 des Hilfsflügels; bei dieser Anstellung maximale Auftriebsbeiwerte ungefähr wie bei guten normalen Profilen. 70

Für gute **Steigleistungen** (günstige Steigzahl) mittlere positive Anstellung des Hilfsflügels von ca. 10°. 71

Für den **Start** wesentliche Erhöhung des Auftriebsmaximums bei noch verhältnismäßig günstigen Widerstandsverhältnissen durch positive Anstellung des Hilfsflügels von ca. 25° bei Landflugzeugen und ca. 40° bei Wasserflugzeugen (Verkürzung der Startstrecke). 72

Für **Landung** große Anstellung des Hilfsflügels von ca. 40°. 73

Dadurch wird erreicht: 74

Erhöhung des Maximalauftriebes (ca. 30% gegenüber guten normalen Profilen) und dementsprechende Verringerung der Landegeschwindigkeit (ca. 15%).

Tragflächenmittelstück

Das Tragflächenmittelstück ragt über die Rumpfseitenwände hinaus, hat jedoch mit Rücksicht auf Eisenbahntransporte nur eine Breite von 3 m. 75

Die Tragflächen sind in der Rumpfebene, soweit nicht Blechwände vorhanden sind, und an den Durchführungen der Steuerungsstoßstangen, Gestänge und Leitungen, gegenüber dem Tragflächenmittelstück mit Stoff abgeschottet. 76

Außentragflächen

Das hintere Endstück der Außentragfläche ist, zwecks guter Zugänglichkeit zum Tragflächeninneren, über ca. 1/3 der Spannweite von der Flügelwurzel aus gerechnet, abnehmbar ausgebildet. 77

Außerdem sind über die ganze Unterseite der Außenfläche große rechteckige, abschraubbare Klappen (siehe auch unter Kraftstoffbehälter Bez.-Nr. 139) und kleinere runde Schauklappen, mit Kugelketten versehen, angebracht. 78

Die Teile der Tragfläche, die beim Tanken und zur Wartung der Seitenmotoren auf Stand begangen werden müssen, sind verstärkt. 79

An den Tragflächenenden sind an der Unterseite Öffnungen mit leicht abnehmbaren Deckeln vorgesehen, die einen Einbau der Landelichtkästen ermöglichen. 80

18

Abbildung 12

e) Leitwerk

Das Leitwerk ist als Doppelflügel-Leitwerk ausgebildet. 81

Die Ruder sind ausschließlich auf Kugellagern gelagert. 82

Feststellvorrichtungen für Höhen-, Seiten- und Querruder sind vorhanden. 83

Sämtliche Ruder haben Gewichtsausgleich und sind mit Bügelstreifen bzw. Trimmklappen versehen. 84

Die Querruder und Landeklappen sind mit schwenkbaren Lagern ausgerüstet. 85

Der Aufbau sämtlicher Leitwerksflächen ist gleich. Sie bestehen aus Rohrholmen (Stirnholmen bzw. Rohrholmträgern), Spanten und Wellblechbeplankung. 86

Höhenleitwerk

Die trapezförmige, unsymmetrische Höhenflosse ist auf der Oberseite des Rumpfendes in zwei Lagern befestigt und kann im Fluge durch eine hinter der Lagerung angebrachte Verstellspindel verstellt werden. 87

Die Höhenflosse ist fernerhin außen durch zwei Streben nach unten abgefangen (siehe auch Abbildung 13). 88

Das Höhenruder mit Außenausgleich ist in der Mitte unterteilt. 89

Das Höhenruder ist mit einer Trimmklappe ausgerüstet. 90

19

Abbildung 13

Seitenleitwerk

Das symmetrische Doppelflügel-Seitenleitwerk besteht aus der Seitenflosse, die auf dem Rumpfende gelagert ist, und dem Seitenruder. 91

Querruder

Doppelflügel-Ruder, etwa über 2/3 der Spannweite der Außenflügel reichend. 92

Das Querruder ist ebenfalls mit einer Trimmklappe ausgerüstet. 93

f) Steuerwerk

Anordnung

Vor den beiden Führersitzen ist je eine Steuersäule mit Handrad eingebaut. 94

Die Steuerstangen sowie die Welle zur Höhenflossenverstellung im Bereich der Nutzräume sind in einem leicht zugänglichen Steuerungskanal verlegt. 95

Steuerungsanschlüsse und sämtliche Verbindungsstellen sind durch Klappen gut zugänglich und nachprüfbar. 96

Betätigung

Für die Übertragung im Steuerwerk werden hauptsächlich Stoßstangen mit Pendelführung verwendet. Alle wichtigen Teile der Steuerung sind in Kugellagern gelagert. 97

20

Allgemeines

Sämtliche Pendelhebel sind ausgebuchst. 98

Die wichtigsten Lagerstellen der Steuerung sind mit Schmiernippeln versehen. 99

Querruderbetätigung

Mittels Handrad. Übertragung erfolgt durch Wellen, Stoßstangen mit Pendelführung und Winkelhebel. 100

Zur Verhütung von Schwingungen sind die Querruder-Stoßstangen in den Flächen mit Schwingungsdämpfern versehen. 101

Höhenruderbetätigung

Mittels Handrad und Steuersäule. Weitere Übertragung erfolgt durch Weller, Stoßstangen und Umkehrhebel; im Rumpfende Seile mit Pendelführung und Stoßstangen (keine Rollen). 102

Seitenruderbetätigung

Hauptführersitz (links): Verstellbare Fußpedale. 103

Hilfsführersitz (rechts): Fußhebel mit Fußrasten (leicht herausnehmbar). 104

Übertragung auf Wellen, Stoßstangen, im Rumpfende Seile mit Pendelführung (keine Rollen). 105

Verstellung der Hilfsflügel

Durch Betätigung eines Handrades mit selbstsperrender Spindel, das rechts neben dem Hauptführersitz angeordnet ist. Hilfsflügel und Höhenflossenverstellung sind gekuppelt. Bei der Verstellung des Hilfsflügels wird die Höhenflosse automatisch mitverstellt. 106

Die jeweilige Normalstellung des Doppelflügels für Start, Landung, Steigen, Reiseflug und Zweimotorenflug ist auf einem Schild mit Zeiger besonders gekennzeichnet. 107

Die Anzeigevorrichtung ist links neben dem Hauptführersitz angeordnet und von beiden Führersitzen aus ablesbar. 108

Um bei angestelltem Hilfsflügel und bei Überschreitung der zulässigen Geschwindigkeit eine Gefährdung des Tragwerks zu vermeiden, ist eine Sicherung (Federpaket im Tragflächenmittelstück) eingeschaltet, die bewirkt, daß der Hilfsflügel durch den jeweiligen Staudruck in die für die Geschwindigkeit zulässige Anstellung zurückgeführt wird. 109

Seitenruderentlastung

Zum Ausgleich für die erforderlichen Seitenruderkräfte bei Ausfall eines Seitenmotors dient eine vom Führersitz aus zu erreichende regulierbare Seitenruderentlastung. 110

21

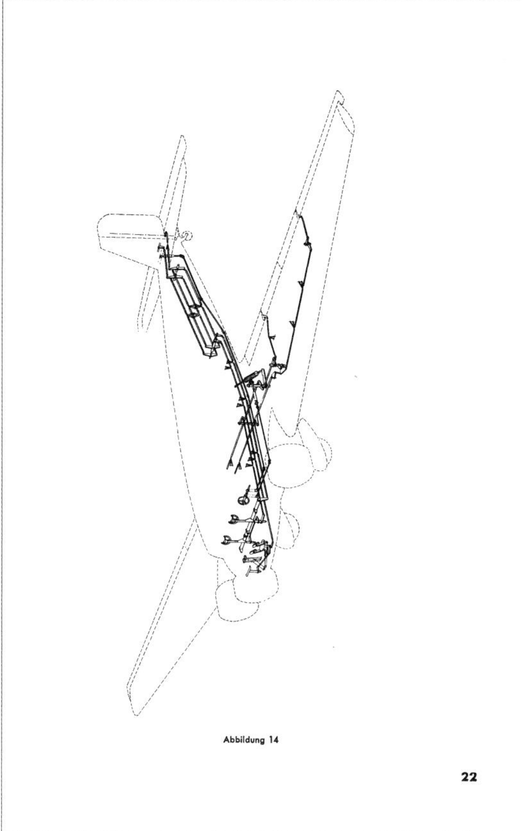

Abbildung 14

22

Höhenflossenverstellvorrichtung

Durch Betätigung des Handrades, das auch zur Verstellung des Hilfsflügels dient, rechts neben dem Hauptführersitz angeordnet. Das selbstsperrende Getriebe befindet sich unmittelbar an der Flosse. 111

Die Flosse kann demnach zur Austrimmung des Flugzeuges sowohl für sich allein als auch durch eine Kupplung mit dem Hilfsflügel zusammen verstellt werden. 112

23

II. Triebwerk

a) Motoren

Anzahl und Anordnung

Drei 113
Ein Motor in der Rumpfspitze
Ein Motor in jeder Außentragfläche vorn
Sicherung durch Motorfangseile.

Hersteller

BMW Flugmotorenbau G. m. b. H., München. 114

Musterbezeichnung

BMW 132 A (bzw. 132 E). 115

Bauart

9-Zylinder luftgekühlter, nicht untersetzter Vergaser-Sternmotor 116
Verdichtung 1 : 6
Gebläseübersetzung 1 : 10.

Leistung

N = 660 PS in 915 m Gleichdruckhöhe (650 PS in 0m) 117
n = 2050 U/min (2000 U/min).

Auf Wunsch ist der Einbau anderer Sternmotoren gleicher oder größerer Leistung möglich. Auch untersetzte Sternmotoren können eingebaut werden. In diesen Fällen ist jedoch Rückfrage bei dem Flugzeughersteller erforderlich. 118

Betriebstoff

Kraftstoff mit einem Oktanwert von 87 (80) 119
Schmierstoff nach Angabe des Motorherstellers.

b) Luftschrauben

2-flügl. feste Metall-Zugschrauben, Junkers Ju PAK mit einem Durchmesser von 2,9 m. Spezialnaben für Junkers Metallschrauben, Luftschraubenblätter aus Dural, im Stand einstellbar. 120

Auf Sonderwunsch ist die Verwendung von im Fluge verstellbaren Luftschrauben möglich. 121

c) Motorräume

Motorvorbauten (siehe auch Abb. 16)

In der Rumpfspitze und in der Flügelnase der Außentragflächen befinden sich abnehmbare, elastische Motorvorbauten. 122

24

Sie setzen sich zusammen aus dem Motorbefestigungsring, der durch sechs elastische Rohrstreben mit dem Brandschott verbunden ist, sowie einem starren Rohrstrebensystem zwischen Brandschott und einem rechteckigen Rohrrahmen, dessen Ecken durch Kugelverschraubungen mit dem Rumpf bzw. dem Flügel verbunden sind. 123

Motorraumverkleidungen

Durch große, leicht abnehmbare Klappen sind die Motorräume gut zugänglich und prüfbar. 124

Die für die Befestigung der Verkleidungsbleche verwendeten Schnellverschlüsse sind so ausgebildet, daß ein unbeabsichtigtes Öffnen der Verschlüsse unmöglich ist. Die Schließstellungen sind besonders gekennzeichnet. 125

Sämtliche Motorräume vor dem Brandschott sind gut entlüftet. Für gute Ableitung von Leckbetriebsstoff ist Sorge getragen. 126

Am Mittelmotorvorbau sind rechts seitlich Eintritte und oben Handgriffe zur Wartung des Motors auf Stand bzw. zum Anlassen von Hand- angebracht. 127

Brandschotte

Jeder Motorvorbau ist durch einen Brandschott, bestehend aus Asbestgewebe mit beiderseitiger Duralblechverkleidung, gegen den Rumpf bzw gegen die Tragflächen abgeschlossen. 128

Motorverkleidung

Die Motorvorbauten der drei Motoren sind vollständig verkleidet. 129

25

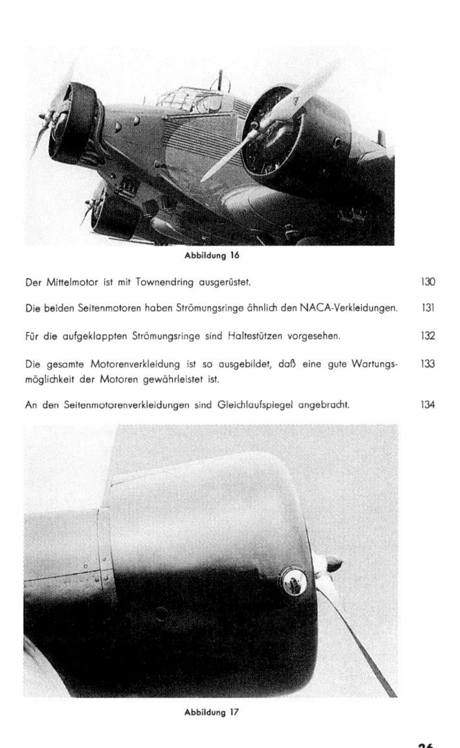

Abbildung 16

Der Mittelmotor ist mit Townendring ausgerüstet. 130

Die beiden Seitenmotoren haben Strömungsringe ähnlich den NACA-Verkleidungen. 131

Für die aufgeklappten Strömungsringe sind Haltestützen vorgesehen. 132

Die gesamte Motorenverkleidung ist so ausgebildet, daß eine gute Wartungsmöglichkeit der Motoren gewährleistet ist. 133

An den Seitenmotorenverkleidungen sind Gleichlaufspiegel angebracht. 134

Abbildung 17

26

d) Kraftstoffanlage

Die Kraftstoffbehälter sind aus Aluminium oder Pantal, die Kraftstoffleitungen aus Kupferrohr hergestellt. 135

Als Anschlußleitungen an den Behältern und zwischen Motor und Brandschott werden elastische Sicherheitsschläuche verwendet. 136

Die Entlüftungsleitungen bestehen aus Aluminiumrohr mit Sonderverschraubungen und Sicherheitsschläuchen als Anschlußleitungen an den Behältern. 137

Die Lüftung und Ableitung von Leckbetriebsstoffen erfolgt für die Behälterräume durch Entlüftungspfeifen und Ablauflöcher. 138

Behälter

In den Außentragflächen rechts und links sind eingebaut: 139

je 2 Behälter à 215 Ltr. = 860 Ltr.
„ 2 „ „ 175 „ = 700 „
„ 2 „ „ 135 „ = 540 „
„ 1 „ „ 150 „ = 300 „
1 Fallbehälter im Führerraum = 50 „
2450 Ltr.

Der Fallbehälter kann auf Wunsch weggelassen werden. 140

Die Tragflächenbehälter sind auf Stand einzeln absperrbar. 141

Die Behälterlagerungen der 215 Ltr.-Behälter sind auch für die 175 Ltr.-Behälter passend. 142

Die Behälter sind mit dem Flugzeug metallisch verbunden, die Behälterbänder sind außerdem durch besondere Fangbänder gesichert. 143

Die Kraftstoffbehälter in den Tragflächen sind nach unten durch große Klappen ausbaubar. 144

Die Kraftstoffinhaltsanzeige der beiden Tragflächenbehältergruppen erfolgt durch Schwimmeruhren, die sich in den Domen der Seitenmotoren befinden, und zusätzlich auf Wunsch bzw. wahlweise durch ein elektrisch wirkendes Anzeigegerät, das am Instrumentenbrett untergebracht ist. 145

Der Inhalt des Fallbehälters wird auf Skalen abgelesen, die sich in Schaugläsern zu beiden Seiten des Behälters befinden. 146

Zum Füllen der Behälter ist je ein Schnelleinguß mit Schnellverschluß für jede Behältergruppe an der Tragflächenoberseite angebracht. 147

Je ein Schnellablaßventil für jede Behältergruppe, die beide vom Führerraum aus gemeinsam oder getrennt betätigt werden können, ist in die Tragflächen eingebaut. 148

27

Der Brennstoffablaß ist so ausgebildet, daß ca. 600 Ltr. in 1 Min. je Seite abgelassen 149
werden können.

Je eine motorangetriebene Jumo-Kraftstoffpumpe mit unmittelbar davorgeschaltetem 150
Filter an jedem Motor bewirkt die Kraftstoffzuführung. Die Kraftstoffpumpe befindet sich hinter dem Brandschott und wird vom Motor mittels Fernantrieb angetrieben.

Kraftstoff-Förderung

Die Kraftstoff-Förderung beim Anlassen erfolgt durch eine im Führerraum befindliche 151
Handpumpe zum Fallbehälter und von da durch natürliches Gefälle zu der Einspritzpumpe und weiter zu den Vergasern.

Im Fluge erfolgt die Kraftstoff-Förderung durch drei motorangetriebene Pumpen. 152

Bei Ausfall einer oder aller Kraftstoffmotorpumpen kann die Kraftstoff-Förderung 153
von der Handpumpe aus über den Fallbehälter erfolgen.

Zum leichteren Anlassen der Motoren ist eine Sum-Einspritzpumpe mit Verteiler- 154
schalter und Absperrhahn in der Einspritzsaugleitung vorgesehen.

Zur Überprüfung der Kraftstoff-Förderung ist für jeden Motor ein Druckmesser 155
vorhanden.

e) Schmierstoffanlage

Jeder Motor ist mit einer eigenen Schmierstoffanlage ausgerüstet. 156

Die Schmierstoffbehälter sind aus Aluminium oder Elektron hergestellt. 157

Als Schmierstoffkühler werden Junkers-Röhrenkühler verwendet. 158

Durch eine am Motor befindliche Pumpe wird der Schmierstoff in Umlauf gebracht 159

Die Schmierstoffleitungen sind aus Stahlrohr, als Anschlußleitungen dienen elastische 160
Sicherheitsschläuche.

Die Entlüftungsleitungen sind aus Aluminiumrohr mit Sonderverschraubungen. Als 161
Anschlußleitungen werden elastische Sicherheitsschläuche verwendet.

In jeder Schmierstoffzulaufleitung befindet sich ein Absperrhahn, der mit den 162
Kraftstoffbrandventilen gekuppelt ist.

Oberhalb des Austritts der Motorzulaufleitung aus den Behältern ist eine Einrichtung 163
gegen Wirbelbildung bei niedrigem Schmierstoffstand angebracht.

Behälter

Jeder Motor hat einen Schmierstoffbehälter von 76 Ltr. Fassungsvermögen (Inhalt 164
ca. 68 Ltr.), der hinter dem Brandschott angeordnet ist. Die Behälter lassen sich leicht ein- und ausbauen.

An jedem Schmierstoffbehälter ist eine Eingußverschraubung mit Schnellverschluß 165
vorgesehen, die so ausgebildet ist, daß ein Tauchsieder zur Ölvorwärmung eingeführt werden kann.

Jeder Behälter ist mit einem von außen bedienbaren Sum-Schnellablaßventil und 166
mit nach außen führender Ablaßleitung versehen.

Die Inhaltsanzeige der Behälter (von 30 Ltr. abwärts Warnanzeige) ist vom Führer- 167
raum aus sichtbar. Außerdem erhalten die Ölstandsanzeiger eine Marke, die den vorgeschriebenen Mindestinhalt der Ölbehälter von 20 Ltr. in Fluglage zeigt. Ein fest eingebauter Meßstab zeigt den Behälterinhalt in Spornlage bei geöffneter Öleinfüllung an.

Kühler

Für jeden Motor sind zwei Junkers-Röhrenkühler vorgesehen. Der Einbau von je 168
einem weiteren Junkers-Röhrenkühler für Tropenbetrieb ist möglich.

Der Rücklaufschmierstoff kann zwecks Temperaturregelung durch einen vom Führer- 169
sitz aus zu betätigenden Einstellhahn ganz oder teilweise über die Kühler geleitet werden. Um eine Gefährdung der Kühlanlage bei Verstopfung der Kühler durch kalten, verdickten Schmierstoff zu verhüten, ist eine Kühler-Umgehungsleitung mit Überdruckventil eingebaut.

Die Anzeige der Ölförderungen erfolgt durch Druckmesser, die Messung der Öl- 170
temperaturen durch Fernthermometer im Ölsumpf und unmittelbar vor dem Eintritt des Öles in den Motor.

f) Bedienanlage

Auf dem Instrumententisch ist der Gashebelkasten angebracht, der bei Höhen- 171
motoren eine Begrenzung besitzt und das volle Öffnen der Vergaserdrosselklappe bis zur vorgeschriebenen Flughöhe verhindert.

Die Länge des mittleren Gashebels ist so bemessen, daß ein leichtes gemeinsames 172
Betätigen sämtlicher drei Gashebel möglich ist.

Der Regulierweg ist entsprechend groß gehalten. 173

Die Vergaserbetätigungshebel an den Motoren sind mit Aufziehfedern versehen, 174
die das selbsttätige Schließen der Drossel bei Gestängebruch verhindern.

Die Betätigung der Ölkühler-Absperrhähne erfolgt im Führerraum durch am In- 175
strumentenbrett befindliche Dural-Handräder mit Stahlspindeln, die Betätigung der Schalt- und Absperrventile bzw. Hähne durch Duralhebel bzw. Leichtmetallgriffe.

Die Fernleitungen der Betätigungen bestehen aus Dural-Stoßstangen, Stahl- 176
zwischenhebeln, Stahl- und Duralwellen mit Gabelköpfen aus Stahl.

An den Anschlußstellen der Gestänge sind Prüflöcher zur Kontrolle der Einschraub- 177
tiefe der Bolzen angebracht.

Das Gestänge für Normal- und Höhengas ist vor dem Brandschott aus Stahlrohr 178
angefertigt.

g) Zündanlage

Die Zündzeitpunktverstellung erfolgt auf elektrischem Wege. 179

Für die elektrische Zündzeitpunktverstellung ist ein Betriebsmagnetschalter vorgesehen. 180

Die Zündanlage-Leitungen sind von der übrigen elektrischen Anlage und deren 181
Leitungen abgeschirmt und in besonderen Kabelrohren bzw. Schächten verlegt.

Jeder Motor ist mit einer Summer-Anlaßvorrichtung „Bosch" mit 24 Volt Betriebs- 182
spannung mit einem Summer und einer Zündspule ausgerüstet.

Die Einschaltung der Summer-Anlaßvorrichtung erfolgt durch Schleppschalter, die 183
mit der Einspurvorrichtung der Eclipse-Anlasser gekuppelt sind.

h) Anlaßanlage

Das Anlassen der Motoren erfolgt durch Eclipse-Schwungkraftanlasser mit elektrischer 184
oder Handbedienung.

Die Eclipse-Anlassanlage wird getrennt für jeden Motor durch einen Griff im 185
Führerraum betätigt und ist durch eine gefederte Schutzkappe und Warnschild gesichert.

Die vom Instrumententisch aus elektrisch betätigte Einspurvorrichtung ist mit der 186
Summerzündanlage gekuppelt, sodaß im Augenblick des Einspurens die Zündanlage eingeschaltet wird. Zusätzliche Kontrolle der Starteranlage durch eine Kontrollampe.

Zum Handanlassen wird eine Kurbel verwendet, die auf einer fest angebrachten 187
Welle an allen drei Motoren aufgesteckt wird.

Eine mechanische von Hand bedienbare Einspurvorrichtung ist an den Motor- 188
vorbauten eingebaut.

An der rechten Außenwand des Rumpfes oberhalb der Auslaufkante des Trag- 189
flächenmittelstückes ist ein Steckanschluß angebracht, um die elektrische Eclipse-Anlaßanlage auch von Außenbord mit Strom versorgen zu können.

i) Abgasanlage

Die Abgas-Sammelrohre sind hinter den Motoren an den Motortragringen elastisch 190
gelagert. Sie sind aus zunderfestem, hitzebeständigem Material hergestellt.

Bei den Seitenmotoren werden die Abgase durch zwei an den Sammelringen 191
tangential angeschlossene Sammelrohre kurz nach Austritt aus dem Strömungsring ins Freie geführt.

Die Sammelrohre des Mittelmotors liegen unter dem Motorvorbau in Mulden, die 192
in die Motorvorbauverkleidung eingelassen sind.

Je ein Heizrohr für die Vergaservorwärmung ist durch eine Umgehungsleitung 193
ausschaltbar.

Über die Sammelrohre des Mittelmotors sind Heizungsrohre geschoben, in denen 194
von den Zylinderleitblechen aus zugeführte Frischluft erwärmt wird. Die angewärmte Frischluft wird dem Fluggastraum zugeführt.

III. Ausrüstung

a) Elektrische Anlage

Allgemeines

Das elektrische Bordnetz besteht aus einer 24 Volt-Anlage. 200

Die Leitungen sind 2-polig verlegt; zur Verwendung gelangt hochbiegfähiges Flug- 201
zeugspezialkabel.

Die Leitungsverlegung erfolgt in Aluminiumkanälen bzw. -rohren; soweit dies nicht 202
möglich ist, wird Lack-Schlauch verwendet.

Stromversorgung und -verteilung

Die Stromversorgung erfolgt über kurze, abgeschirmte Leitungen durch einen motor- 203
angetriebenen Gleichstromgenerator Bosch 24 Volt 600 Watt bzw. bei großem Stromverbrauch auf besonderen Wunsch 1200 Watt.

Der Regler und die Entstördosen sind am Brandschott getrennt angebracht. 204

Eine Akkumulatorenbatterie von $2 \times 12 = 24$ Volt mit 48 Ah ist im Nutzraum unter 205
dem Fußboden vor Träger 1 untergebracht und durch eine Klappe von der Kabine aus zugänglich.

Ein Außenbordanschluß ist an der rechten Außenwand des Rumpfes oberhalb der 206
Auslaufkante des Tragflächenmittelstückes, mit einem 2-poligen Schalter vom Führerraum aus bedienbar, vorhanden. Er gestattet eine Umschaltung vom Bordnetz auf eine fremde Stromquelle außenbords zum Starten bzw. zum Aufladen der Bordbatterie.

Die Stromverteilung und Absicherung der einzelnen Stromkreise erfolgt hauptsäch- 207
lich an der Schalttafel mit Verteilerkasten. Zwischenverteilungen an einzelnen Stellen sind vorhanden.

Die Schalttafel ist hinter dem rechten Führersitz am Spant 3 oben angeordnet. 208

Neben der Schalttafel befinden sich noch weitere Ersatzsicherungsleisten. 209

Die Schalttafel ist mit einem Voltmeter — Meßbereich bis 40 Volt — versehen. 210

Neben der Schalttafel ist ein Ampèremeter angeordnet. 211

An der rechten Führerraumseitenwand befindet sich ein Ferntrennschalter, zulässig 212
für 50 Amp. Belastung.

Das Ausschalten des Trennschalters erfolgt elektrisch durch Netzschalter vom In- 213
strumententisch aus, das Einschalten dagegen mechanisch direkt am Trennschalter.

Unter dem Ferntrennschalter ist eine Ersatzsicherungsleiste mit Sicherungen befestigt. 214

Die Verlegung der Kabel im Führerraum und im Hauptnutzraum erfolgt zunächst 215
in Kabelkanälen vom Verteilerkasten aus.

Von den Kabelkanälen führen dann Stichleitungen zu den einzelnen Verbrauchsstellen. 216

Stromverbraucher

Äußere Beleuchtung:

Die Kennlichter sind nach behördlich herausgegebenen Richtlinien der deutschen Luft- 217
fahrt angebracht und sind gegen Eindringen von Spritz- und Regenwasser geschützt.

Rechts und links außenbords des Führerraums sind zwei Lampen angebracht, die 218
die Luftschrauben anstrahlen, um bei Dunkelheit den Lauf derselben in den Gleichlaufspiegeln beobachten zu können.

In der linken Tragfläche befindet sich ein ausschwenkbarer 400 Watt-Scheinwerfer 219
mit mechanischer Betätigung vom Führerraum aus.

Zwei Landelichter in einem Landelichtkasten sind in die linke Tragfläche versenkt 220
eingebaut. Sie werden vom Führerraum aus elektrisch ausgeschwenkt und entzünden sich während des Ausschwenkens mechanisch.

Führerraum:

Das Instrumentenbrett wird mit ultraviolettem Licht angestrahlt. Diese Beleuchtung 221
ist blendungsfrei und vermeidet eine Leuchtwirkung nach außen.

Ferner sind drei Einzelleuchten für die Instrumente als Zusatz- oder Ersatzbeleuchtung 222
vorgesehen. Diese Lampen sind jede für sich abschalt- bzw. verdunkelbar. Eine allgemeine Raumbeleuchtung und eine Handlampe mit Anschluß ist vorgesehen.

Die Inhaltsanzeigen des Kraftstoff-Falltanks sind durch Einzellampen beleuchtet. 223

Außerdem sind an das Bordnetz angeschlossen: 224

Eine elektrische Kraftstoffinhaltsanzeige (nur bei Einbau einer elektrischen Kraftstoffmengenmessung)
Elektr. Düsenheizung mit Kontrollanzeige
Elektr. Anzeigegerät für Außenluft
Elektr. Kurskreiselstützung (Heizung nur auf Wunsch).

Vom Bordnetz unabhängig sind die elektrische Drehzahlmessung und die auf 225
Wunsch einzubauende Zylinder-Temperatur-Meßanlage für die Zylinder 3 und 5.

Nutzraum:

Im Fluggastraum ist die Deckenbeleuchtung durch fünf Einzellampen oder als 226
Längsstreifen in der Mitte der Decke ausgebildet.

Über jedem Sessel sind in die Wände eingelassene Leselampen angebracht, die 227
herausgeklappt werden können.

In den Raucher- und Nichtraucherabteilen sind Leuchtschilder „Bitte anschnallen" 228
angeordnet.

Im Raucherabteil sind an der rechten und linken Bordwand je ein elektrischer 229
Zigarrenanzünder angebracht.

Für den Gepäckraum und die Toilette ist Deckenbeleuchtung und Steckdosenanschluß vorgesehen. 230

Zünd- und Anlaßanlage siehe unter Triebwerk.

Die Anlagen sind im einzelnen aus den beigefügten Schaltplänen ersichtlich. 231

FT-Anlage

Zum Einbau gelangt bei der Standardausführung: 232

eine 20-Watt-Langwellen-Kleinstation der Firma Telefunken oder Lorenz,
eine Zielflugpeilanlage der Firma Telefunken,
eine Blindlandeanlage (Bake) der Firma Telefunken oder Lorenz.

Die FT-Station und die Zielflugpeilanlage mit der Blindlandeanlage werden je mit einem Umformer aus dem allgemeinen Bordnetz mit Strom versorgt. 233

Der 20-Watt-FT-Empfänger und Fernantrieb für den Sender, das Zielflugbediengerät und der Rahmenantrieb sind unterhalb des Instrumententisches angebracht und werden von einem Sitz aus zwischen den beiden Führersitzen bedient. 234

Haspel und Antennenschacht befinden sich an der rechten Seitenwand, FT-Taste am Bedientisch. Der Sender und der Relaiskasten sind im FT-Schott unter dem rechten Führersitz, der Zielflugempfänger unter dem linken vorderen Sitz im Raucherabteil untergebracht. 235

Die Geräte der Blindlandeanlage sind im Oberfeld des Spantes 3, vom Kabinensitz aus zugänglich und gut verkleidet, eingebaut. 236

Eine 2-Draht-Festantenne ist von einem hinter dem Führerraum auf dem Rumpf verankerten Mast zur Seitenflosse gespannt. 237

Der Einbau von anderen FT-Anlagen deutscher und ausländischer Herkunft ist möglich. In diesem Falle sind jedoch Rückfragen beim Flugzeughersteller notwendig. 238

b) Ausrüstung der Arbeits- und Nutzräume

1. Führerraum

Der vollständig überdachte Führerraum ist für drei Mann Besatzung vorgesehen. Der Zugang zum Führerraum erfolgt von dem Fluggastraum aus durch eine gut abdichtende Tür. 239

Eine zugluftfreie, absperrbare Belüftungseinrichtung und eine Frischluftbefächlung für vordere Sichtscheiben sowie eine regelbare Warmluftheizung sind eingebaut. 240

Halterungen für Sauerstoffgerät sowie Kartentasche sind vorhanden. 241

34

Uberdachung

Die Führerraumüberdachung aus antimagnetischem Material gewährleistet für beide Führer ausreichende Sicht. 242

Die vorderen Sichtscheiben bestehen aus Verbundglas, die seitlichen Schiebefenster aus Sekurit, die übrigen aus Plexiglas. 243

Die oberen rückwärtigen Scheiben sind als Schiebefenster ausgebildet. 244

Zum Schutz gegen Sonnenbestrahlung sind die oberen Scheiben mit Schiebegardinen versehen. 245

Sitze

Im Führerraum befinden sich zwei verstellbare mit Anschnallgurten versehene Sitze für den 1. und 2. Führer. Zwischen diesen beiden Sitzen ist ein klappbarer Sitz mit leicht abnehmbarem Rückenlehnengurt für den Funker vorhanden. 246

Die beiden Führersitze sind so ausgebildet, daß die Verwendung von Sitzfallschirmen möglich ist. 247

Instrumente und Bedienungsvorrichtungen

Das dreiteilige Instrumentenbrett ist vollständig elastisch gelagert und schwingungsfrei eingebaut. 248

Gute Zugänglichkeit zu den Instrumenten und Bedienungsvorrichtungen ist gewährleistet. 249

In Kompaßnähe ist die Verwendung magnetischer Baustoffe vermieden. 250

Die eingebauten Instrumente sind in der Instrumentenübersicht (Seite 43 und 44) aufgeführt. 251

35

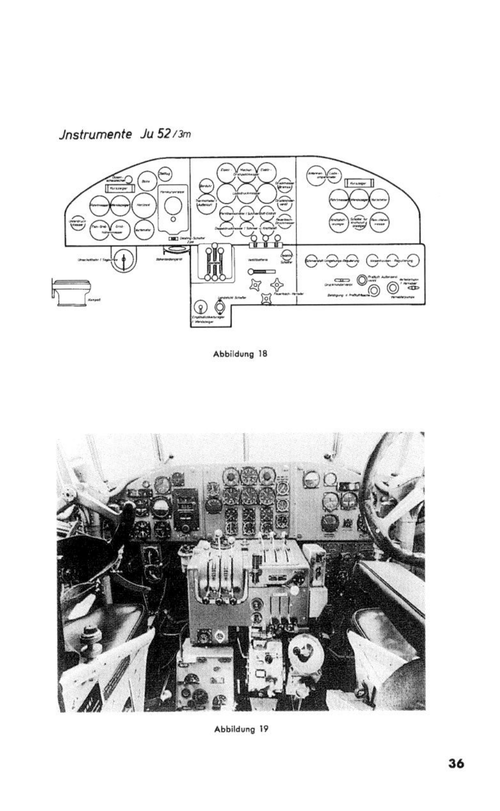

Abbildung 18

Abbildung 19

36

2. Raumaufteilung

An den Führerraum schließt sich der Fluggastraum an, der am Rumpfmittelstückspant 4a durch eine herausnehmbare hölzerne Wand in zwei Abteile unterteilt wird. In der Zwischenwand ist ein Durchgang, der durch einen zweiteiligen Vorhang geschlossen werden kann. 252

Der vordere Raum ist als Raucherabteil ausgebildet, der hintere als Nichtraucherabteil. 253

An den Fluggastraum anschließend ist links eine Toilette vorgesehen, welche durch eine Tür zugänglich ist. 254

Rechts neben der Toilette befindet sich zwischen Rumpfspant 8 und Rumpfendspant 2 ein Gepäckraum von 1,4 m^3 Inhalt, der von der Toilette aus durch eine Verbindungsklappe und von der rechten Rumpfaußenwand durch eine Außentür zugänglich ist. Auf Sonderwunsch ist bis Rumpfendspant 4 eine Erweiterung des Gepäckraumes möglich. Bei Wassermaschinen reicht der Gepäckraum bis Rumpfendspant 3. 255

Ein Kleiderschrank für die Besatzung ist bei der Landmaschine zwischen Rumpfendspant 2 und 3 oberhalb der Steuerungsverkleidung untergebracht. Er ist durch eine Tür von außen zugänglich. 256

Außerdem sind noch drei Gepäckräume bzw. vier bei Wassermaschinen im Tragflächenmittelstück unter dem Nutzraumfußboden vorhanden, die von außen, bei Wassermaschinen von innen, zugänglich sind. 257

Türen und Öffnungen

Der Fluggastraum ist durch eine abwerfbare Einsteigtür auf der linken Seite zwischen Rumpfspant 7 und 8 zugänglich. Auf Wunsch kann auf der rechten Seite zwischen Spant 3 und 4 ebenfalls eine kleinere Einsteigtür eingebaut werden. 258

Außerdem befindet sich eine Außentür zum Gepäckraum zwischen Rumpfendspant 1 und 2. 259

Die Einsteigleiter ist unterhalb der Einsteigtür in den Rumpf eingeschoben. 260

Bei Wassermaschinen ist der Einbau je einer zusätzlichen Tür auf der rechten und linken Seite zwischen Spant 3 und 4 oder hinten zwischen Spant 7 und 8 vorgesehen. 261

Die geöffneten Außentüren können durch Festhaltevorrichtungen, die versenkt in die Rumpfseitenwand eingelassen sind, gehalten werden. 262

Die Gepäckräume unter dem Fußboden sind durch Klappen unter dem Rumpf, bei Wassermaschinen durch Ladeklappen im Fußboden zugänglich. 263

Sämtliche Türen und Ladeklappen sind mit Ösen für Zollplomben versehen. Die Türschloßgriffe sind mit einem Schutzbügel gegen unbeabsichtigtes Öffnen gesichert. 264

37

Fenster

Der Fluggastraum ist mit sieben Fenstern auf der rechten und sechs und einem Fenster in der Tür auf der linken Seite ausgestattet. 265

Je ein Fenster rechts und links vorn und ein Fenster rechts hinten sind als Kurbelfenster ausgebildet, während je ein Fenster rechts und links zwischen Spant 6 und 7 abwerfbar ausgeführt ist. Die restlichen Fenster sind fest eingebaut. 266

Die fest eingebauten und abwerfbaren Fenster sind aus Plexiglas hergestellt; für die Kurbelfenster findet Sekurit Verwendung. 267

Im Flugbetrieb können die Kurbelfenster 100 mm weit geöffnet werden. 268

Nur im Falle der Gefahr werden die Kurbelfenster nach Auslösen eines Sicherungsstiftes ganz heruntergekurbelt und dienen dann als Notausgang. 269

Die Toilette hat ein rundes Fenster aus Plexiglas in der Rumpfaußenwand. 270

Sitze

Im vorderen Abteil des Fluggastraumes, dem Raucherabteil, befinden sich rechts und links je zwei gegenüberstehende, teilweise zusammenklappbare Sessel mit bequemen Rücken- und Armlehnen. 271

Im hinteren Fluggastraumabteil, dem Nichtraucherabteil, befinden sich elf Sitzgelegenheiten, bestehend aus: 272

8 verstellbaren, gepolsterten NKF-Sesseln,
1 zweisitzigen, gepolsterten Sitzbank,
1 Notsitz, aus der Bank herausziehbar.

Alle Sessel, Sitzbank und Notsitz sind mit Stoff überzogen, dessen Farbe der der Wandverkleidung angepaßt ist. Auf Wunsch ist es jedoch auch möglich, statt des Stoffüberzuges Leder zu verwenden. 273

An der Verkleidung der Sesselrückenlehnen ist eine Tasche zur Aufnahme von Speitüten vorgesehen, darunter eine Tasche zur Unterbringung von Zeitungen, Handtaschen usw. Für die Sitze des Raucherabteils und für die vordersten Sitze des Nichtraucherabteils sind Taschen in die Seitenwände eingearbeitet. 274

Sämtliche Sitzgelegenheiten erhalten Anschnallgurte. 275

Abweichend von der Standardausführung, vor allem bei Verwendung als Wassermaschine, kann der Fluggastraum durchgehend, d. h. ohne Trennwand ausgestattet werden. Zwölf Sessel und Sitzbank mit Notsitz werden in Flugrichtung aufgestellt. 276

Fluggastraumausstattung

Die Wandverkleidung und die runde Decke des Fluggastraumes besteht aus leichten, durch Sperrholzrahmen verstärkten, gelochten Sperrholzplatten, welche auf der Innenseite mit Stoff, auf der Außenseite zur Schalldämpfung mit Kalmuc beklebt sind. 277

38

Bei Wassermaschinen besteht die Wandverkleidung wegen Korrosionsbeständigkeit aus gehämmertem Elektronblech. Es sind Klappen zur Unterbringung von Schwimmwesten vorgesehen. 278

Der Sockel der Wandverkleidung ist mit einem ca. 300 mm hohen dunklen Masonitstreifen versehen. 279

Der Fußboden ist mit Korklinoleum belegt. 280

Die Türen vom Fluggastraum zum Führerraum und zur Toilette sind aus Holz und mit Stoff beklebt. 281

An der Haupt-Einsteigtür innen sind Druckknöpfe zur Befestigung des Streckenschildes angebracht. 282

Der am Fußboden befestigte Teppich ist ohne Entfernen der Sessel herausnehmbar. Er ist dreiteilig ausgeführt und reicht bis zur Einsteigtür. 283

Abbildung 20

39

In dem als Raucherabteil ausgebildeten vorderen Fluggastraum sind an der Wand zwischen den Sitzen umlegbare Tischchen, abnehmbare Aschenbecher und elektrische, feuersichere Anzünder angebracht, die so ausgebildet sind, daß ein unbeabsichtigtes Einschalten nicht möglich ist. 284

Im Nichtraucherabteil ist links und rechts an der Trennwand vor jedem Sessel je ein Tischchen angebracht. 285

Über den Sitzen befinden sich durchgehende Gepäcknetze, an denen pro Sitz ein Kleiderhaken vorgesehen ist. 286

40

Sechs Haltevorrichtungen zur Anbringung von Sauerstoffgeräten sind vorgesehen, davon zwei im vorderen und vier im hinteren Abteil. 287

An den Fenstern sind Schiebegardinen vorhanden. 288

Als Fluggastrauminstrumente werden je Abteil vorn über den Türen ein Fluggastraum-Thermometer, ein Fluggastraum-Höhenmesser 0—5000 m, sowie Leuchtschild „Bitte anschnallen" und das „Raucher"- bzw. „Nichtraucher"-Schild in einem gemeinsamen mit Stoff beklebten Holzrahmen versenkt angeordnet. 289

In der Rückwand der Fluggastraum-Trennwand ist ein Hydronaliumrohrrahmen zur Aufnahme der Streckenkarte angebracht. 290

Ein Ohrenwattebehälter ist vorhanden. 291

Beleuchtung

Im Fluggastraum ist eine direkte Deckenbeleuchtung in der Mitte der Decke vorgesehen. Im übrigen siehe „Elektrische Anlagen". 292

Heizung und Lüftung

Zur Beheizung des Fluggastraumes ist eine geruchfreie Warmluftheizung vorgesehen. Sie ist an die beiden Auspuffsammelrohre des Mittelmotors angeschlossen und unter dem Fußboden verlegt (siehe auch Nr. 194). 293

Die vom Fluggastraum aus regulierbare Heizung ist ausreichend für eine Erwärmung bis zu 30° über Außentemperatur. 294

Die auf dem Fluggastraum-Fußboden verteilten Heizdüsen sind mit Ausnahme der beiden hinteren Düsen verschließbar. 295

Ein Außenbordanschluß zum Aufheizen der Kabine auf Stand ist vorhanden. 296

Der Fluggastraum ist gegen das Rumpfende einschließlich Toilettenraum zugdicht abgeschottet und hat Allgemein- und Einzelbelüftung. 297

Die vom hinteren Fluggastraum aus regulierbare allgemeine Belüftungsanlage ist so abgestimmt, daß die Belüftung im gesamten Fluggastraum gleichmäßig erfolgt. 298

Das vordere Kabinenabteil ist mit einer verstellbaren Entlüftung versehen. 299

Die für die Fluggäste einzeln vorgesehene Belüftung erfolgt durch besondere Schläuche neben den Sesseln. 300

41

Toilettenraum

Der mit Wascheinrichtung ausgestattete Toilettenraum ist vom hinteren Fluggastraum aus durch eine Tür zugänglich. Er ist mit Glattblech verkleidet. 301

Die Einrichtung besteht aus: leicht herausnehmbarem, gut entlüftetem Eimer mit Brille und Deckel, Kästchen für Papier, Wascheinrichtung mit Seifenspender, Spiegel, je ein Behälter für saubere und gebrauchte Handtücher, Trinkbecher-Automaten, Wasserflasche mit Halterung. 302

In der Toilette ist ein Handgriff für Luftkranke und ein dreiteiliger Kleiderhaken angebracht. 303

c) Sicherheitseinrichtungen

In der linken Seite des Tragflächenmittelstückes ist ein Tetra-Chlorkohlenstoff-Feuerlöscher gut zugänglich fest eingebaut. 304

Außerdem befinden sich zwei Handfeuerlöscher in den Nutzräumen. 305

Zwei Sanitätspäckchen sind im Toilettenraum untergebracht. 306

Für sämtliche Insassen sind Anschnallgurte vorhanden. 307

Brandschotte siehe Nr. 128. 308

Betätigung für elektrischen Ferntrennschalter im Führerraum. 309

Kraftstoff-Brandventile vom Führerraum aus zu betätigen. 310

Behälter-Schnellablaß im Führerraum zu bedienen. 311

Auf Wunsch kann eine Sauerstoff-Höhenatmungsanlage für Besatzung und Fluggäste eingebaut werden. 312

d) Betriebshilfsgerät

Das Bord- und Stationsgerät besteht aus Sonderwerkzeugen für Aufbau und Wartung des Flugzeuges. 313

Das Betriebshilfsgerät enthält u. a. Heißstropps zum Anheben des ganzen Flugzeuges, sowie Aufbockträger, ein Satz Grätings zum leichteren Begehen des Tragflächenmittelstücks; außerdem eine Vorrichtung zum Prüfen des Klappendrehmomentes und eine zusammenklappbare Leichtmetalleiter zur Wartung der Motoren. 314

Für die Sessel sind Schutzbezüge in der Farbe der Sessel ausgeführt. 315

42

e) Instrumentenübersicht

Instrumente zur Flugüberwachung und Navigation 316

Anzahl	Instrumente	Hersteller	Einbauort
2	Fahrtmesser mit 1 Staurohr, heizbar und regensicher	Askania oder Bruhn	Instrumentenbrett vor linker Tragfläche
2	Grob-Höhenmesser	Fuess	Instrumentenbrett
2	Fein-Höhenmesser	Fuess	Instrumentenbrett
1 bzw. 2	Höhenmesser	Goerz	im durchgehenden Fluggastraum im unterteilten Fluggastraum
1	Borduhr	Kienzle	Instrumentenbrett
2	Variometer	Askania	Instrumentenbrett
2	Wendezeiger	Askania	Instrumentenbrett
1	Sperry-Horizont	Askania	Instrumentenbrett
1	Fernthermometer für Außenluft	Hartmann & Braun	Instrumentenbrett
1 bzw. 2	Thermometer	Lufft	im durchgehenden Fluggastraum im unterteilten Fluggastraum
1	Fernkompaßanlage mit 1 Mutterkompaß 2 Kurszeigern	Askania Askania Askania	Rumpfende Instrumentenbrett
1	Fernkurskreisel	Askania	Instrumentenbrett
1	Draufsichtkompaß	Ludolph	Führerraum
1	Unterdruckanlage für Navigationsgeräte mit 2 Sogpumpen 2 Sogverteiler 1 Sogmesser 1 Umschalthahn	Knorr Knorr Bruhn Prerauer & Scholz	an den Seitenmotoren am Gerätetisch Instrumentenbrett Instrumentenbrett
1	Druckmesser für Feuerlöscher	Gradenwitz	Instrumentenbrett
1	Doppeldruckmesser für Bremsen und Druckminderventil	Gradenwitz oder Knorr	Instrumentenbrett

43

Instrumente zur Triebwerküberwachung 317

Anzahl	Instrumente	Hersteller	Einbauort
2	Elektrischer Ferndrehzahlmesser	Horn	Instrumentenbrett
1	Mechanischer Ferndrehzahlmesser	Morell	Instrumentenbrett
3	Ladedruckmesser	Askania	Instrumentenbrett
(1)*)	Anzeigegerät für Kraftstoffvorrat mit Umschalter	Hartmann & Braun	Instrumentenbrett
3	Ölstandmesser	Junkers	an den Ölbehältern
3	Doppeldruckmesser für Kraftstoff und Schmierstoff	Maximall	Instrumentenbrett
3	Fernthermometer für Schmierstoff-Eintritt	Eckardt	Instrumentenbrett
1	Ladeampèremeter	Siemens oder Gossen	Instrumentenbrett

*) nur bei Einbau einer elektrischen Kraftstoff-Meßanlage

44

IV. Oberflächenschutz

Das Flugzeug erhält außen einen Grundanstrich von Kunstharzlack, auf den ein silbergrauer Aluminiumbronzeanstrich aufgebracht wird. 318

Auf besonderen Wunsch kann eine Beplankung gewählt werden, die anstelle des Anstrichs eine Plattierung aus mattem oder glänzendem Reinaluminium erhält. 319

Hinter den seitlichen Motorvorbauten wird auf die Tragflächen ein schwarzer Streifen aufgebracht. 320

Der Mittelmotorvorbau ist oben und seitlich matt schwarz gestrichen, um eine Blendung des Führers auszuschließen. 321

Motorhauben, NACA- und Townend-Ringe mit Zubehörteilen werden mit einem grauen Grundanstrich und einem schwarzen glänzenden Deckanstrich versehen. 322

Der Innenschutz des Flugzeuges erfolgt durch einen Grundanstrich von Kunstharzlack und einen hellgrauen Deckanstrich in Ölemaillelack. 323

Einzelne Räume und Baustoffe werden außerdem entsprechend ihrem Verwendungszweck geschützt. 324

45

Das Wasserflugzeug Ju 52/3 m
The Junkers Ju 52/3 m as seaplane

Sicherheit im Fluge: Unter diesem Titel erschien in einem Prospekt des Junkers-Konzerns aus dem Jahre 1935 ein zweisprachiger Text über die Sicherheit und Zuverlässigkeit der Ju 52. Junkers-Flugzeuge waren grundsolide konstruiert, leichtes Aluminiumwellblech in Zellenbauweise mit aerodynamischer Formgebung brachte dem Flugzeug Stabilität und ausgezeichnete Flugeigenschaften; aber das Herz der Maschine waren die leistungsfähigen Motoren. Mit einem Wort, sie waren stabiler, aber leichter und aerodynamisch günstiger gebaut als ihre Konkurrenzmaschinen. Die Leistungsfähigkeit war höher und in Verbindung mit den im Verbrauch sparsamen Motoren konnten auch die Betreibungskosten gesenkt werden. Hinzu kamen die permanente Verbesserung der Konstruktion, der Einsatz neuer Baugruppen und die laufende Ergänzung der Bordinstrumente nach dem Stand der Wissenschaft im Interesse der Flugsicherheit.

Ju 52/3 m im Fluge auf schwieriger Gebirgsstrecke
The Ju 52/3 m crossing difficult mountainous country

Ein seltenes Originalprospekt von der Junkers Ju 52/3m aus dem Jahr 1935 gestaltete der russische Künstler Max Sinowjewitsch Krajewsky, der am Dessauer Bauhaus von 1925 bis 1929 studierte und zeitweilig auch in den Dessauer Junkers-Werken beschäftigt war. Als technischer Fotograf erarbeitete er in den 1930er-Jahren für bekannte deutsche Firmen Foto-Werbeschriften, die in ihrem Layout an seine Bauhauszeit erinnern. Dazu gehört auch das 44-seitige Ju-52-Prospekt: eine Hommage an eines der bekanntesten Flugzeuge der Welt und zugleich ein exzellent gestaltetes Zeugnis der Kultur-, Industrie- und Technikgeschichte des 20. Jahrhunderts.

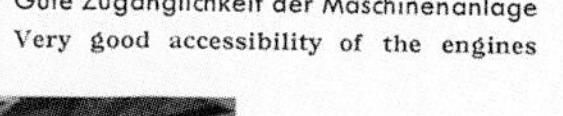
Gute Zugänglichkeit der Maschinenanlage
Very good accessibility of the engines

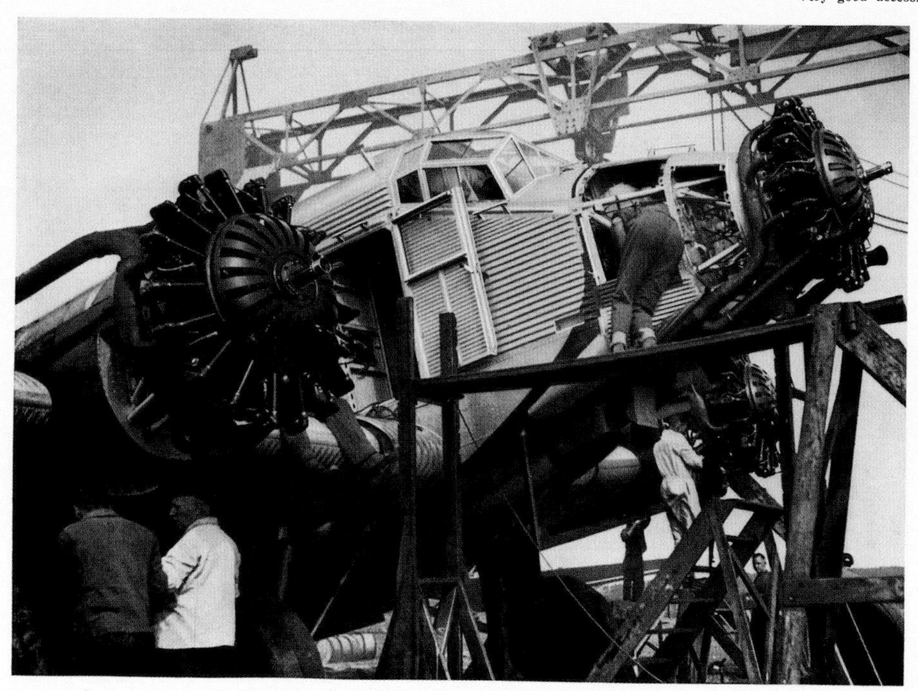

Der geräumige Führerraum mit seiner übersichtlichen Instrumentierung
The spacious cockpit with its practically arranged instruments

Fluggastraum mit normaler Ausstattung
Standard passenger cabin equipment

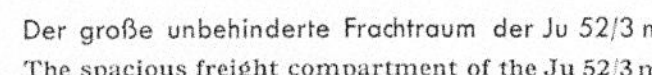

Der große unbehinderte Frachtraum der Ju 52/3 m
The spacious freight compartment of the Ju 52/3 m

Die Bilder auf dieser Doppelseite stammen ebenfalls aus diesem Prospekt. Sie zeigen Flugrouten in Südamerika, Mitteleuropa und Skandinavien, auf denen die Ju 52 eingesetzt wurde.

Ju 52/3 m im Dienste der schwedischen Luftverkehrs-Gesellschaft A.-B. Aerotransport, Stockholm. Täglich Expreßverkehr Malmö-Amsterdam

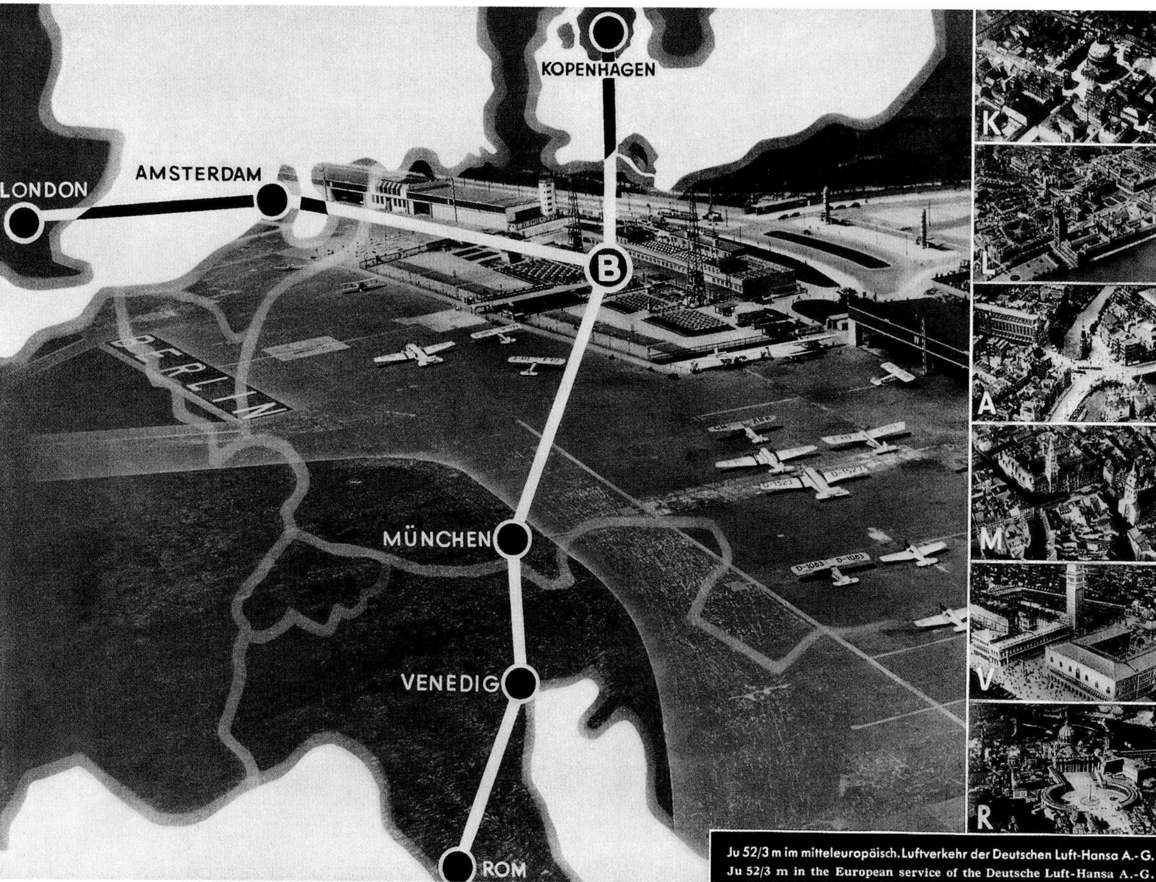

Ju 52/3 m im mitteleuropäisch. Luftverkehr der Deutschen Luft-Hansa A.-G.
Ju 52/3 m in the European service of the Deutsche Luft-Hansa A.-G.

Ju 52/3 m als Wasserflugzeug im Dienste der finnischen Aero O/Y auf der Seestrecke Helsingfors–Stockholm
In the Finland air service of the Aero O/Y, Helsingfors on the route Helsingfors—Stockholm

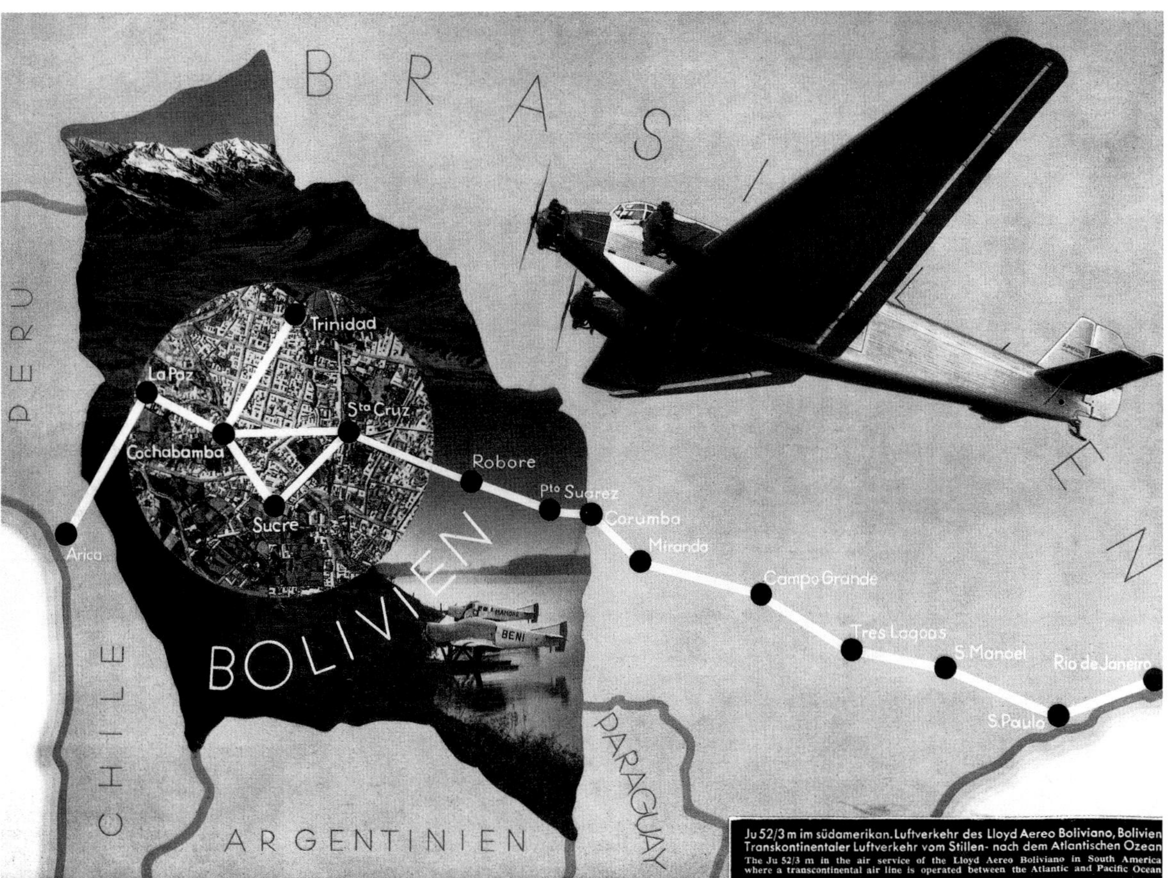

Ju 52/3 m im südamerikan. Luftverkehr des Lloyd Aereo Boliviano, Bolivien
Transkontinentaler Luftverkehr vom Stillen- nach dem Atlantischen Ozean
The Ju 52/3 m in the air service of the Lloyd Aereo Boliviano in South America where a transcontinental air line is operated between the Atlantic and Pacific Ocean

Die Ju 52/3m „Zephyr“ wartet in Bathurst im afrikanischen Gambia auf ihren nächsten Einsatz im Postflugverkehr, 1935.
Foto: Lufthansa

Start einer Ju 52 der Deutschen Lufthansa auf dem Flugplatz Dresden, um 1937.
Foto: Sammlung des Autors

Rechte Seite: Planmäßiger Luftpostdienst der Lufthansa zwischen Deutschland und Süd-Amerika: Die wartende Junkers Ju 52/3m (Wasser) in Natal, Brasilien, vor dem Start zum Flug nach Rio de Janeiro – 1934
Foto: picture alliance / ullstein bild

CONDOR
CAICARA

Epilog

Mit großer Betroffenheit und tiefer Trauer nahmen im August 2018 die Menschen in der Schweiz, in Deutschland und Europa sowie flugbegeisterte Oldtimerfans weltweit Anteil an dem schrecklichen Unglück der Schweizer Junkers Ju 52/3m „Dessau", Kennzeichen HB-HOT. Die Stadt Dessau, Namensgeberin der verunglückten Maschine, zeigte ihre tief empfundene Anteilnahme und die Fahnen der Stadt trugen Trauerflor in Verbundenheit zur Schweiz und auch zum Erbe von Prof. Hugo Junkers.

Was war passiert? Am 4. August 2018 um 16.56 Uhr ME-Sommerzeit stürzte in den Schweizer Alpen am Segnespass zwischen den Ortschaften Flims im Kanton Graubünden und Elm im Kanton Glarus die Junkers Ju 52 mit dem Schweizer Kennzeichen HB-HOT, getauft auf den Namen „Dessau" am 4.10.2009, ab. Bei diesem Absturz kamen alle zwanzig Insassen ums Leben, darunter die beiden Piloten und die Flugbegleiterin der Vereinigung JU-AIR, Eigentümerin des historischen Flugzeuges.

Die Maschine befand sich mit einer Reisegruppe auf einem Zweitageausflug und war planmäßig am 4. August um 16.10 Uhr vom Flugplatz Locarno zum Rückflug nach Dübendorf gestartet, ihrem Heimatflugplatz. Rund 40 Minuten später flog die Ju 52 am Segnespass in den Talkessel südwestlich des Piz Segnas ein. Am nördlichen Ende des Talkessels flog die Maschine eine Linkskurve, die sich zu einer spiralförmigen Flugbahn nach unten entwickelte und das Flugzeug im freien Fall unterhalb des Martinslochs in einer etwas flachen Geländemulde in 2.540 m ü.M. senkrecht aufschlug. Der im Flugzeug befindliche Notsender wurde ausgelöst und sendete ein peilbares Signal. Mehrere Augenzeugen, die den Unfall beobachteten, alarmierten sofort die Polizei und eilten an die Unglücksstelle, um Erste Hilfe zu leisten. Wenige Minuten nach dem Flugzeug-Absturz waren bereits mehrere Rettungshubschrauber am Unfallort.

Das Schweizer Bundesamt für Zivilluftfahrt (BAZL) überprüfte die 1939 in den Dessauer Junkers Flugzeug- und -Motorenwerke AG (JFM) für die Schweiz gebaute Maschine letztmalig am 6. April 2018. Zum Zeitpunkt des Unglücks hatte die Ju-52-HB-HOT 10.189 Flugstunden absolviert und war laut Untersuchungsbericht am 31. Juli 2018 turnusmäßig gewartet worden. Die beiden Piloten besaßen eine langjährige, fast 30jährige Berufserfahrung bei der Schweizer Luftwaffe und im Zivil-Linienflugverkehr. Als Folge des Unglücks setzte die JU-AIR bis auf weiteres sämtliche Ju-52-Flüge ab. Das Bundesamt für Zivilluftfahrt entzog am 12. März 2019 der JU-AIR die Bewilligung für kommerzielle Flüge. Innerhalb der Schweiz waren Flüge mit Vereinsmitgliedern der JU-AIR allerdings noch möglich.

Auf der 23. Generalversammlung des Vereins der Freunde der Luftwaffe am 27. April 2019 in Dübendorf bei Zürich, an der auch der Buchautor teilnahm, blickte der Vereinspräsident Urs Loher wieder positiv in die Zukunft. Vor 278 Versammlungsteilnehmern, der Verein hat über 8150 Mitglieder, legte er über das vorangegangene Jahr Rechenschaft ab und hob zum Schluss hervor: „Wir müssen mit dem Unfassbaren fertig werden, die Gegenwart bewältigen und an die Zukunft glauben." Herausforderungen sind zu meistern, hieß das Credo, so auch die Entscheidung zur Totalüberholung der drei verbliebenen Junkers Ju 52 der JU-AIR –Flotte in Dübendorf. Als technisch

Auf dem Heimatflugplatz der JU-AIR in Dübendorf werden die verbliebenen Ju-52-Maschinen mit Bordflagge und Trauerflor versehen.
Foto: JU-AIR/Air Force Center

neuwertig eingestuft, könnten sie ab Frühjahr 2021 sukzessiv wieder fliegen. Damit wäre die Zukunft der JU-AIR und des Air Force Center Dübendorf gesichert. Ein hoher Aufwand, der sich lohnen würde, denn der Verein fühlt sich ganz der Luftfahrttradition verpflichtet und kann auf viele Freunde und Helfer zählen.

Ein Jahr nach dem tragischen Unfall der Schweizer Ju 52 beschloss die Geschäftsführung der Deutschen Lufthansa AG im September 2019, dass ihre Traditionsmaschine vom Typ Junkers Ju 52 mit der Kennung D-AQUI nie mehr abheben wird. Dazu teilte die Deutsche Lufthansa Berlin-Stiftung mit: „Die Entscheidung ist gefallen, für die Lufthansa Ju 52 wird eine angemessene museale Lösung entwickelt.“ Mit dem über 80 Jahre alten, in der Hamburger Lufthansa-Werft regelmäßig nach höchsten Qualitätsstandards gewarteten und auf maximale Sicherheit modernisierten Flugzeug flogen seit April 1986 in Deutschland, Europa und den USA mehr als 250.000 Passagiere. Als weltweit erstes und einziges im gewerblichen Flugverkehr zugelassenes historisches Verkehrsflugzeug wurde im August 2015 die D-AQUI als „bewegliches Denkmal“ eingestuft und in Denkmalschutz gestellt, was in einem Festakt unter Anwesenheit vieler Prominenz und Flugzeugenthusiasten gewürdigt wurde.

Über 30 Jahre lang war die historische „Tante Ju“, eine weltbekannte fliegende Legende, das Symbol der Luftfahrt aus der Anfangszeit der wirtschaftlichen Globalisierung im 20. Jahrhundert, heutiges beredtes Zeugnis der Technikgeschichte mit erlebbarer Erinnerungskultur.

Nun muss sie künftig ihr Dasein fristen als unbewegliches Denkmal in der Kategorie museales Ausstellungsstück, und das ist sehr schade; man wird ihren Flug vermissen, den beruhigenden Sound ihrer Motoren, den silbernen Glanz ihrer Flügel im Abendsonnenschein …

Zum Autor

Helmut Erfurth, geboren am 1. Mai 1948 in Dessau, Diplomingenieur, Historiker und Publizist. Forschungsschwerpunkt: Industriekultur und Kulturgeschichte Mitteldeutschlands.

Sein Interesse galt schon früh der Geschichte des Landes Anhalt, der Junkers-Werke, der Thematik Bauhaus, Kunst und Industriedesign der 1920er-Jahre aber auch der Luftfahrtgeschichte. Seit den 1960er-Jahren setzte er sich für die Rehabilitierung des Forschers, Luftfahrtpioniers und Unternehmers Hugo Junkers ein sowie für die Bauhausrezeption in der DDR. Nach seinem Studium 1969 bis 1975 war er im Junkers-Nachfolgebetrieb Junkalor Dessau und im Möbelkombinat Dessau leitend tätig. Im Ehrenamt gehörte er ab 1980 dem wissenschaftlichen Redaktionsbeirat des Fachbuchverlages Leipzig an.

Von 1984 bis 1992 war er berufener Direktor des neu gegründeten Museums für Stadtgeschichte in Dessau und publizierte die Schriftenreihe „Beiträge zur Stadtgeschichte“ mit insgesamt 13 Ausgaben. Erfurth war Mitinitiator und Kurator der ersten Junkers-Ausstellung 1984 in der DDR, zu sehen im Bauhaus Dessau und im Verkehrsmuseum Dresden. Als Initiator der sechs Junkers-Kolloquien 1984, 1985, 1988, 1992, 1995 und 2009 sowie der sechs Dessauer Kolloquien zu Fragen der Raumfahrtforschung 1982, 1987, 1997, 2001, 2007 und 2012 hatte er wesentlich Anteil an der wissenschaftlichen interdisziplinären Forschungsarbeit in diesem speziellen Zweig der Technikgeschichte. Auf seine Initiative hin wurde 1992 der Förderverein für das Technikmuseum „Hugo Junkers“ Dessau gegründet und er zu dessen Gründungsvorsitzenden gewählt.

Publizistisch ist er seit 1970 tätig und hat sich als Autor zahlreicher Fach- und Sachbücher, die auch im englischen Sprachraum erschienen sind, sowie mit zahlreichen Ausstellungen zur Industriekultur, Kunst- und Luftfahrtgeschichte, aber auch als Fachberater für Dokumentarfilme zur deutschen Luftfahrt- und Regionalgeschichte einen Namen gemacht.

Impressum

Verantwortlich/Produktmanagement: Lothar Reiserer
Layout und Satz: Helen Garner
Schlusskorrektur: Mareike Weber
Repro: LUDWIG:media
Einbandgestaltung: Lothar Reiserer unter Vewendung von Bildern von Helmut Erfurth, der Sammlung Ian Spring und von DVL-Berlin Adlershof
Herstellung: Markus Drapatz
Printed in Italy by Printer Trento

1. Auflage

ISBN 978-3-86245-756-4

Die Deutsche Nationalbibliothek verzeichnet diese Publikation in der Deutschen Nationalbibliografie, detaillierte bibliografische Daten sind im Internet über http://dnb.d-nb.de abrufbar.